シトロエン 2CV

フランスが生んだ大衆のための実用車

Takashi Takeda
武田 隆

MIKI PRESS
三樹書房

目 次

シトロエン2CVの歴史
第1章　誕生までの長い物語……6
第2章　2CVの発展……26

カタログ・写真でたどる
シトロエン2CVとその兄弟車たち
2CV／34
アミ／103
ディアーヌ／111
メアリ／122
2CVの冒険やプロトタイプなど／125

■2CV関連年表／129
■2CVシャシーモデル主要スペック表／130
■2CVの生産台数／132
■2CVシャシー各モデルの生産台数／132
■2CV（乗用車）の主な分類／132
■参考文献／133
■あとがき／134

■編集部より■

　本書に登場する車種名、会社名などの名称は、原則的に主要な参考文献となる、当時のプレスリリース、広報発表資料、関係各メーカー発行の社史などにそって表記しておりますが、参考文献の発行された年代などによって現代の表記と異なっている場合があり、編集部の判断により統一させていただきました。カタログ・広告制作会社など一部名称の表記については、資料記載の表記をそのまま掲載している場合があります。スペック値は、カタログ値を最優先とし、その他各種資料を参考にして掲載しました。また、本書掲載のカタログ資料の中で、カタログ所有元で記入された個人情報に配慮し、図版の一部に処理をしているものがあります。ご了承下さい。
　名称表記、性能データ、事実関係等の記述に差異等お気づきの点がございましたら、該当する資料とともに弊社編集部までご通知いただけますと幸いです。

　　　　　　　　　　　　　　　　　　　　　　　　　　　三樹書房　編集部

シトロエン2CVの歴史

　2CVの生産期間は長期にわたり、いくつもの時代を生き続けた。2CVは開発の過程も異例に長く、10年以上かかっており、激動の第2次大戦をまたいでいることもあって、ストーリーに富んでいる。

　ここでの第1章は、その開発過程の物語を追った。まずは2CVの前史として、アンドレ・シトロエンが創業するところから始め、特異な2CVが誕生するに至った事情を、俯瞰して理解できるように努めた。

　1930年代後半に、2CVは開発コードネームTPVとして計画が始まり、戦争前にひとまずいちど、市販化目前までこぎつけた。戦前のTPVは、今、世にある2CVよりもできが悪かったが、2CVの原型以外のなにものでもなく、ある意味では"2CVよりも2CVらしい"存在といえる。2CVがなぜあのような特異なクルマなのか、TPVを知ることで理解できると思う。誕生秘話自体もたいへん興味深いものなので、ここでは残っている当時の資料も検証しながら、少し詳しく掘り下げている。

　第2章では、誕生後の2CVの変遷を追った。後半のカラーページで詳しく紹介しているので、ここでは基本的な流れをまず追うようにしている。世の中での2CVのあり方は、戦後の経済成長によって変化し、それもあって、アミやディアーヌ、メアリなどの派生モデルが生まれている。つくった後の仕事、いわゆるマーケティングも、2CVの見どころだった。ほかでもない、後半で紹介する見ごたえのある写真やカタログの制作自体も、2CVのストーリーの注目すべきポイントである。

第1章　誕生までの長い物語

■**アンドレ・シトロエンが創業**

　シトロエンの創業者アンドレ・シトロエンは、フランスの工学系教育機関の超エリート校、エコール・ポリテクニックを卒業した。卒業後まず、ギア生産工場を事業として始め、1914年から18年まで続いた第1次大戦のとき、フランス軍のために砲弾を大量生産することに成功した。その実績を糧に、パリのセーヌ河岸のジャヴェルにつくった砲弾工場を、終戦後に自動車工場に転換し、1919年に自動車メーカーとして創業した。

　シトロエンがつくるクルマは、大戦中の砲弾と同様、大量生産であるのが特徴だった。大量生産というのは、当時アメリカ産業界で飛躍的に発達していたもので、シトロエンはそのアメリカの方式をヨーロッパ、フランスにいち早く導入した。当時のフランスでは、自動車はまだ一部の富裕層しか買えない高価なものだったが、シトロエンは大量生産によって価格を安くして、自動車を一般向けに提供しようとした。自動車の大量生産は、自動車生産の革命といえた。

　その革命は、アメリカではひと足早く、第1次大戦前に起こっていた。その担い手はヘンリー・フォードであり、モデルT（T型フォード）は1908年から27年までの間に1500万台も生産されて、アメリカ市民にあまねく自動車をゆきわたらせた。これは世界史的なできごとで、ヨーロッパもその動向に、多大に刺激されることになる。

　シトロエンが目指したのは、フォードのフランス版だった。アメリカ車と同様に、量産に適したシンプルな設計のクルマをつくり、フランスのそれまでの自動車生産とは、桁がひとつ違う台数を売りさばいた。シトロエンは、生産方式だけでなく、販売方法でも、新しい大量消費社会にふさわしい方式を導入した。シトロエンのクルマは、従来の少量生産の高級車と違って、シャシーとボディが一体で完成しているうえに、スペアタイヤや工具類までセットで「完成品」として売られ、現代のクルマと同じだった。販売方式としては、アメリカで始まった分割払い方式をヨーロッパでいちはやく導入したほか、都市部に華麗なショールームをオープンしたのをはじめ、全国各地に販売店を設置して、さらに国外にも販売網を拡げた。とくに広告展開が華々しかったことは有名で、1925年から10年間、エッフェル塔に電飾で広告を掲げたことはよく知られている。シトロエンは、飛躍的に販売台数を伸ばして、フランス1位のメーカーになり、さらにヨーロッパでも1位の座に上り詰めた。19世紀末からヨーロッパでは多くの自動車メーカーが創業していたが、シトロエンは第1次大戦後に創業したニューカマーとして、瞬く間に脚光を浴びる存在になったのだった。

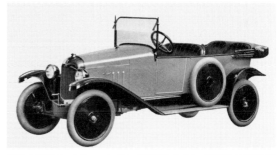

1919年発表の、シトロエン初の市販車タイプA。課税馬力は10CVで、英語流に10HPと呼んだ。軽量でシンプルな設計だが、ホイールベースは長めなのがシトロエン車の当初からの特徴。

パリ・サロンで大統領を案内するアンドレ・シトロエン。1878年生まれで、父はオランダ、母はポーランド出身のユダヤ系フランス人だった。

パリ15区のセーヌ河岸ジャヴェルに建設された工場で、タイプAが量産される光景。初期の頃なので、まだ手作業が多かった。

1932年型のC6G。SICALという車体架装メーカーの優美なボディを載せた6気筒の高級車。2CVをデザインしたベルトーニは、当時そこに一時的に在籍しており、間もなくシトロエンに移籍した。

シトロエンはハーフトラックを開発し、苛酷な冒険旅行を何度も行なった。これは1930年代はじめの、ユーラシア大陸横断の"黄色い巡洋艦隊"。この伝統が、後の2CVによる冒険につながった。

■2CV以前のクルマづくり

　アンドレ・シトロエンは、非常に先進的な発想をする事業家だったが、当初はそのクルマづくりは、とくに独創的ではなかった。大衆向けのクルマを大量生産するのが目標であり、フレーム式シャシーに4気筒エンジンの後輪駆動という基本的な設計方式は、簡単にいえばT型フォードと同じといえ、量産しやすいよう、できるだけシンプルで堅実な設計を採用していた。この設計方式に従ったのは、シトロエンだけではなく、おおざっぱにいえば、大量生産時代が始まったばかりの当時の自動車は、皆同じだった。

　ただ、シトロエンは、自動車産業界の最新方式をとり入れることに熱心だった。アメリカでそれまでの木骨ボディに代わって、鋼板製ボディが実用化されると、それをいち早くヨーロッパにとり入れた。鋼板製ボディは、耐久性が高く、高品質であるいっぽうで、生産するのに高価で巨大なプレス機械などが必要で、大量生産方式に深く関わる技術だった。

　全鋼製ボディを導入したシトロエンは、量産メーカーとして技術の点でも他をリードする存在になり、時代の花形として、世の中の注目を集めた。ところが1929年10月にアメリカで株価大暴落が起きて、世界経済恐慌が始まり、その影響はシトロエンにも及ぶことになった。数年後には大西洋を挟んだフランスでも、経済状況が深刻化する。シトロエンはライバルの追い上げもあって、財政状況が厳しくなった。そこで状況を好転させるために、1934年に画期的な新型車トラクシオンアヴァンを投入する。シトロエンとしては、初めての前衛的設計のモデルだった。トラクシオンアヴァンは、前輪駆動とモノコックボディをはじめとして、自動車産業界の世界最先端の技術を集大成した新型車で、世にセンセーションを巻き起こした。

　トラクシオンアヴァンは、当初は新開発技術が未成熟な部分もあったが、それを克服して商業的に成功し、シトロエン車の革新的イメージを決定的なものにした。ただ、その生産化のために、工場の大改築や新規の工作機械を

1920年代半ば頃のイギリス工場で、金属ボディを加工している光景。全鋼製ボディは自動車の主流に沿う技術といえた。

トラクシオンアヴァンのロングボディのモデル。これは後部がハッチで開くタイプ。2CVと同じで、田舎での生活でも重宝されそうな多用途性があった。FFなので床が低く、荷物を積みやすかった。

導入して、莫大な投資をしたのがたたり、シトロエン社の経営収支は破綻状況に追い込まれた。そして創業者アンドレ・シトロエンはトラクシオンアヴァンを発表して間もなく、1935年7月に健康状態を悪化させて帰らぬ人となってしまう。

シトロエンの新しいオーナーとして名のりをあげたのは、タイヤメーカーのミシュランだった。ミシュランはシトロエン車にタイヤを供給していたメーカーで、19世紀末からタイヤ事業を始めたいわば産業界の先輩格であり、シトロエン同様に自動車が社会に普及することを強く望む存在だった。第1次大戦後に現れたシトロエンはミシュランにとっていわば同好の士といえる存在であり、その事業に出資もして、応援する立場であった。ただミシュランは、シトロエンの経営権を獲得すると、経営に積極的に介入して、自らの考えも投入してクルマづくりを行なうことになる。そこで誕生するのが2CVである。

■ **次世代型の国民車**

ミシュランは、シトロエンに負けないくらい、進取の気性に富んだ、フランス産業界を代表する存在であり、1970年代にプジョーに経営権を引き継ぐまでの約40年間、シトロエンが2CVやDSをはじめとする、一連の革新的自動車を産み出すのを、強力に支えることになる。

2CVは、端的にいえば、フランス版の「国民車」だといえる。「国民車」というと、日本では1955年に通産省が立案した「国民車構想」が有名で、それに呼応して三菱がリアエンジンの三菱500を開発した。また同じ時期にスバル360や、トヨタ・パブリカが開発され、これらは日本の本格的な大衆車時代の先駆けとなった。ちなみにパブリカは2CVと同様の、空冷水平対向2気筒エンジンを採用しており、スバルはサスペンション方式などに2CVの影響が見られる。

国民車実現のあり方は、時代によって、国情によって、さまざまある。近年ではインドのタタ・ナノなども国民車と呼ばれることがあり、発展途上国では、国民生活の向上と自国産業の発展のために、今でも必要とされる存在である。過去には、有名なものとしては、その名も国民車を表すドイツのフォルクスワーゲンがある。ただ世界的な国民車の元祖は、なんといってもT型フォードである。そのフランス版を目指したというシトロエンは、当初から国民車だったといえなくもないけれども、第2次大戦前のシトロエンは、生産規模としては、国民に自動車をあまねくゆき渡らせるまでにはならず、クルマの実態としても、少し高級なものもつくられていた。

1908年型のT型フォード。地上高が高めで、当時のアメリカ全土の荒れた道路にも適した。直列4気筒エンジンを縦置きした後輪駆動で、以後半世紀以上のアメリカ製大衆車の基本形となった。

1920年代につくられたシトロエン5CV（タイプC）。スペース効率はふつうで、優美なスタイルの反面、2人乗りにすぎなかった（少し長い3人乗り仕様もあった）。女性に好評だった。

アンドレ・シトロエンはいちど1922年に、小型で価格も安い5CVというモデルをつくっている。5CVは5年間で8万台がつくられて好評だったが、全鋼製ボディの新型車に生産を集中するため、アンドレ・シトロエンはその生産を中止してしまった。

アメリカでは、T型フォードが、非常に安い価格で、年間100万台を超えるほどの圧倒的な大量生産を実現したこともあり、1920年代のうちに、モータリゼーションはかなり浸透していた。アメリカでは19世紀から工業製品の大量生産システムが構築され、大衆消費社会も早く発展していた。広大な国土を持つアメリカは、産業全体の生産力が圧倒的で、とくに重要な石油をはじめ、豊富な資源もあった。

ヨーロッパは、産業も、消費市場も、まだ自動車社会到来の手前の段階にあった。なのでヨーロッパでT型フォードと同レベルの自動車社会を実現するには、1920～30年代当時の状況では、技術的に大きなブレークスルーが必要で、とくに、クルマを小型軽量化する必要があった。小

フィアット500。フランスでシムカ5として販売された。法規上は2人乗りという小型サイズ。流線型デザインを採用していた。

1949年パリ・サロンで、工業大臣に2CVを紹介するブーランジェ。前年に発表されたときは、エンジンルームは非公開だった。

型軽量であることは、原価が下がるうえに、燃料費ほかの維持費が安くなる。しかし自動車産業の圧倒的なリーダー格であったアメリカでは、石油が湯水のごとく出ていたこともあって、T型フォードの後、基本的な設計方式を改革しないまま、大型化、デラックス化が進んでいくばかりだった。そのためヨーロッパでは、独自に小型軽量を可能にする設計方式を実用化する必要があり、それが国民車実現の課題だった。

各国の有力メーカーがそれぞれ、国情にあった形でその実現化に挑んだが、最初の小型大衆車の成功例は、1920年代に誕生したイギリスのオースチン・セブンだった。ただ、台数はまだ少ないうえ、T型フォードをそのまま縮小したような設計で、あまりクルマとしての実力は高いとはいえなかった。同時期のシトロエンの5CVも、同じ成り立ちで、2人（後に3人）しか乗れないクルマだった。

この次の世代、1930年代後半に企画されるのが、ヨーロッパの本格的な次世代型国民車の、いわば真打ちである。イギリスを除いたヨーロッパ3大自動車生産国の、ドイツ、フランス、イタリアでそれが誕生する。これらはブレークスルー実現のために、目的遂行型というべき野心的な設計が施されたのが特徴だった。イタリアのフィアットの500（チンクエチェント）は、革命的なほどの斬新な設計ではなかったが、航空機部門も持つメーカーならでは

フォルクスワーゲン。ホイールベース長さは2CVと同じ。リアにエンジンを収容し、客室前後に荷物スペースを設けた巧みな空間設計だが、2CVのようなアクセスのよい大きな荷室の確保は難しい。

の、十分先進的なつくりといえるものだった。ドイツのフォルクスワーゲンは、革命的なリアエンジン方式を採用し、その完成度の高さは、大衆車の常識を覆すものといえた。そして、フランスが産み出すのが、2CVだった。

■ミシュランから来た新社長

2CVが個性的な自動車になった大きな要因は、この時代の国民車特有の「目的遂行型」の開発がなされたためと考えられるけれども、その際に、開発者の個性が強く出ることになった。

2CVの「目的」とは、当時のフランスの、国民生活の実情にあったクルマを、実現化することであるが、その目的を果たすべく開発を強固に指導したのが、新しいシトロエンの社長、ピエール・ジュール・ブーランジェだった。1935年にミシュランがシトロエンの経営権を獲得したとき、最初に社長として送り込まれたのは、ミシュラン家の御曹子である若きピエール・ミシュランだった。しかし彼が1937年に自動車事故で命を落としたために、補佐役であったブーランジェがその後を継いだのだった。ブーランジェは独自の視点でものごとを見て、合理的考え方をする人物で、彼が国民車開発の厳しいガイドラインを頑固に守り抜いたことで、前代未聞の大衆車2CVが、完成の日の目を見ることになる。

2CVの「同期のライバル」というべきフォルクスワーゲンも、強力な指導力で完成された。その開発指導者は世界的に有名なポルシェ博士で、さらに、当時の元首ヒトラーの肝いりの国家計画として、国家予算が注ぎ込まれて、大規模な開発体制が整えられ、巨大工場建設までが用意された。そのような開発だったため、ある意味では尊大なクルマとして完成され、合理性をとことん追求した設計ではあるが、当時のほかのすべての大衆車を凌駕するような高性能なものになった。もちろんそれにはもっと

もな理由があり、当時ドイツが建設を推進していた高速道路、アウトバーンでの高速走行を重視して設計されたのだった。

当時の流行の技術だったこともあって、2CVも、フォルクスワーゲンも、ともに空冷の水平対向エンジンを採用している。けれども2CVは2気筒しかないのに対し、フォルクスワーゲンは2倍の4気筒あり、これが両者の「目的」の違いを端的に表していた。必ずしも冗談ではなく、2CVは「アンチ高速走行」の自動車として開発されたのだった。

■**フランスの国民車のアンケート**

ブーランジェが2CVの目標として定めたガイドラインは有名である。細部は資料によってまちまちだが、「50kgの荷物を積むことができる」、「3リッター/100kmの燃費」、「悪路を走っても、籠いっぱいの卵がひとつも壊れないこと」などのフレーズがよく知られている。

国民車のアウトラインを最初に導き出したのは、実はブーランジェではなく、ミシュランだった。ミシュランは、タイヤ専業メーカーであるけれども、第1次大戦中に、航空機の量産を引き受けた経験があったほか、1930年代にはゴムタイヤを履く鉄道車両も開発しており、ゴムタイヤ普及のために、乗り物の本体のあり方にも関心をもち、ときには開発もしてしまうほどの意欲とノウハウを持ち合わせていた。

ミシュランが国民車を構想した最初と考えられるのは、1922年に行なったアンケート調査だった。ミシュランは、アンドレ・シトロエンが大衆車をつくったのと同期するように、アメリカのようなモータリゼーションをフランスでも進展させるべきだと提言し、それに必要な大衆車がどうあるべきかをはっきりさせるために、フランス国民の

ミシュランが開発した鉄道用ゴムタイヤを装着したシトロエン製トラック。ミシュランが買収する前の1930年の写真。

新型タイヤの宣伝をするビバンダム（ミシュランマン）。ミシュランは、ラジアルタイヤを筆頭に次々とタイヤの技術革新を進めたメーカーで、広告活動もユニークだった。

意見を広く聞き募ったのだった。

ミシュランは、この調査の目的は、フランス産業界が大衆車を実現するのに、目標を明確にするためだといっていた。このときは、ミシュランが自分でその大衆車をつくることを考えていたのか、それともその大衆車像に沿って、タイヤの技術開発を進めるつもりだったのか、いまひとつわからない。けれども、結局ミシュランはその後、契機をとらえて、大衆車実現に最適ともいえる自動車メーカーを手中におさめ、「大衆車」の開発を自ら主導することになる。

ちなみに、このアンケートの質問というのは、「4000～10000フランの間で、いくらまでなら購入できるか？」、「座席数は2か4のどちらか？」、「何kgの荷物を運ぶのか？」、「扱う品物はなにか？」、「平野部では最大時速何kmまで出したいか？」の、5つあった。各質問には注釈が付いていて、価格のところでは、「価格が高いほどあなたのクルマは実現性が高くなります」などと書かれており、積み荷の重量のところでは、「クルマがあまり大きいと値段が高くなります」と言っていた。さらに速度について聞くところでは、「注意！スピードは高くつきます」と、！マークまで付けて、釘をさしており、暗に速く走ることはあきらめるようにと、促していた。1922年に行なったアンケート調査の質問の段階から、既に、2CVの面影が漂い始めていたのだった。

速度とともに、興味深いのは、乗員数について質問していることである。先ほどのフィアット500やシトロエン5CVもそうであったのだが、2名乗車というのは、低価格車のひとつの現実的な形だった。2名乗車なら小さいサイズで済むので、低価格を実現しやすいわけである。さらに、積載重量について聞いているのも、後の2CVにつな

がるポイントかと思われる。2CVは、単なる「シティコミューター」ではない、「万能車」として生まれることが、初めから考慮されていたのだった。

フォルクスワーゲンの場合も、巧妙なレイアウト配置で、荷物スペースを多めに確保してはいたが、商品や農作物などの大きな荷物を運ぶのには適しておらず、あくまでいわゆるセダンタイプ車という成り立ちだった。それに対して、2CVは、荷物室を大きくもつクルマとしてつくられる。ちなみに、それを実現できるのは、2CVが採用する前輪駆動方式であり、フォルクスワーゲンのようなリアエンジン式は、それには不向きだった。

このアンケートによって、「4人乗り」、「広い室内」、「50kgの荷物」、「5000フラン以下」、などの指標が示されたという。ここで示された方向性は、マルチパーパス(多用途)のいわゆる「MPV」であり、実際に2CVはそのようなクルマとして完成する。それは、万人から真に求められる大衆車像を考えた結果の形だった。今では日本でも大衆車は、MPV的なものが主流になっており、軽自動車からミニバンまで、荷物も積みやすいテールゲート付きで、広い室内をもつクルマが大半である。90年前に行なわれたこのアンケートは、ごく簡単なものでありながら、大衆車のあるべき本質をつくようなものであった。

■「超小型車」計画の経緯

実はアンドレ・シトロエンも、革新的な設計の小型車を考えたことはあった。そもそも小型車としては前述のように、1922年にいちど、5CVを市販していた。それをやむなく廃止した後、1934年に、革命的な設計のトラクシオンアヴァンを出すのだけれど、そのときに、超小型車導入の選択肢も考えたといわれる。その設計には、一説によると空冷水平対向2気筒エンジンの採用も検討されたという。けれども、結果的にアンドレ・シトロエンは、もう少し大きいトラクシオンアヴァンのほうを生産化することにした。

トラクシオンアヴァン発表後も、シトロエン社において小型車の研究はされていた。戦前のシトロエン社の研究開発については、あまり記録が残っていないらしいが、ミシュランがジャヴェルにやってきた当時、シトロエン社でAXという小型車のデザインが模索されていたことは知られている。

アンドレ・シトロエンが小型車を軽視していなかったことは間違いない。けれども、仮にもしそれが実現されていたとしても、2CVとは違ったものになっただろうとは思われる。

ミシュランがシトロエンの経営を継いでまもなく、新型車の開発計画がたてられた。そこで計画されたモデルのうち、いちばん最初に1938年に市販されたのが、開発コードTUBの商用トラックで、これはトラクシオンアヴァンの前輪駆動を流用した、先進的かつ実用的な商用車だった。TUBは戦後に有名なHトラックに進化する。また、比較的大型のセダンであるVGDは、戦争のために市販化が延期され、紆余曲折を経て、1955年にDSとして発表される。

もうひとつが、TPVと呼ばれる超小型車で、これが2CVだった。TPVは、開発の優先順位が高かったとみえ、TUBに続いて1939年に発表される予定で、戦争前にほぼ完成にこぎつける段階までいくことになる。

TPVという開発コード名は、「Très Petite Véhicule」、または「Toute Petite Voiture」の略で、意味するところは超小型車だった。ちなみにトラクシオンアヴァンの開発コードは、小型車を意味するPVだった。

TPVが乗用車のなかで最初に開発された背景には、今まで述べたように、国民車が待ち望まれている状況がまずあった。経済恐慌の影響も加わって、超低価格車の実

初期のタイプB2に設定されていた貨客両用車体の「ノルマンド」。同型車が1920年代前半に約1万台つくられた。創業当初からシトロエンは2CV的なモデルをラインナップに揃えていた。

トラクシオンアヴァンの前輪駆動シャシーを流用したトラックのTUB。TPVと同時期に計画され、いちはやく1939年に市販化された。TPVベースでも、小型版トラックの開発は試みられていた。

用化は社会的要請とも化しており、実際、自動車技術者協会（SIA）が主催する小型大衆車の設計コンテストが、1935年に行なわれていた。ちなみにSIAコンテストの想定した小型車は、2名乗車だった。

こういったなか、シトロエンとともにフランス3大メーカーであるルノー、プジョーも小型車を市販はしていたが、それらは戦略的な国民車といえるようなものではなかった。シトロエン社にとって脅威になったのは、先ほどのフィアット500だった。フィアットのライセンス生産をしていたフランスのシムカ社が、これを本国と同じ1936年にシムカ5という名で導入し、戦前の4年間に6万台以上の台数をつくったといわれるほどの大ヒットとなった。ちなみにシムカ5の課税馬力は3CVであり、TPVも当初の予定排気量は500ccだったようで、3CVと呼ばれていた。

こういった状況が、TPVの導入を促していたのだけれど、ただ、ミシュランは、このときの新型車計画をたてるよりも前から国民車の構想を温めていたわけだった。先述のように、ミシュランは、1922年にアンケートを行なっていたのだが、ピエール・ミシュランの息子で、戦後にミシュランの会長の座に就くことになるフランソワ・ミシュランは、後年、子供の頃に父ピエールが、シトロエンを手中に収める前に、ミシュラン社内で超軽量車の試作車を製作していたと証言している。その試作車は、前後に腕を伸ばしたような2CVの独特なサスペンション・アーム形状を、既にとっていたという。

その直後のことだと思われるが、ピエール・ミシュランがシトロエン社長としてジャヴェルにやってくると、すぐに1935年のうちにTPVの開発の意向をあきらかにした。さらに1936年には、TPVのための、2度目の、今度は詳細な市場調査を始めて、数ヵ月にわたってフランス全国をまわり、1万件の回答を集めた。それにすぐ続くようにして、ピエール・ミシュランは、TPV開発にゴーサインを出した。しかし前述のように、1937年12月に彼は自動車事故で亡くなり、その後をブーランジェが継ぐことになる。

ブーランジェは、シトロエンに来た当初から開発部門を統括してTPVにも関わってはいたが、社長を引き継いでから、TPVの開発のガイドラインを若干修正した。これは1936年の市場調査の結果を反映したためのようであるけれども、さまざまな要素をブーランジェが鑑みて、修正したかとも思われる。当初ピエール・ミシュランのときに確認されたというガイドラインは、「価格が5000フラン、平地で可能な速度は70〜80km/h、燃費は5リッター/100km（25km/リッター）」というものだった。この数値はまだ、1922年のアンケートの結果の反映だったように見受けられる。ブーランジェはそれを、「60km/h、3リッター/100km（33km/リッター）」へと修正した。これは、つまり、軽い、安い、遅い、の方向性を「進化」させたもので、「じり貧」の思想を徹底させたものといえた。

この「じり貧」思想の強化は、1936年のアンケートの結果の反映であるのか、それとも経済状況やライバルの状況の変化が背景にあるのか、あるいは社長となったブーランジェ自身の思想が反映された結果であるのか、必ずしもはっきりしない。ただ、この「ガイドライン」が決まって以降、最高責任者のブーランジェは、目標にロックオンしたターミネーターのごとく、このガイドラインに沿うクルマを実現するよう頑固に指導したと語られている。

■**2CVの目的**

2CVは、農村社会向けに開発された大衆車といってもよいものがある。ただし、定説となっているその見方が、戦前の開発当初からそうだったかというと、必ずしもそうではない可能性もある。

ミシュランは、オーヴェルニュ地方のクレルモンフェランという、フランスの内陸中央付近に拠点を構えており、そこでは典型的なのどかな田舎の生活が営まれていた。その地に根付いたミシュランの歴代経営者は、オーヴェルニュ地方の人々の、質素、堅実、勤勉という気質を持ち合わせていたといわれ、その姿勢が、2CVを産み出すことにつながったという見方ができる。ただ、ミシュランは、ただのローカル企業ではなく、フランス全土で事業を展開し、さらに国外進出にも積極的なメーカーだった。そもそも、ミシュランがオーナーになったとはいえ、事業主体であるシトロエンはパリに拠点を置く、国際的な自動車メーカーだった。

かつては、2CVのアイデアは、ブーランジェがオーヴェルニュ地方の農夫たちの生活を観察していて、思いついたのだといわれていた。けれども近年では、今まで述べ

TPVを計画していた当時のベルトーニのスケッチ。後のDSと2CVにつながるAXという名のデザインスタディには、これに似た感じのものもあった。市販型の2CVに少し似ている。

たように、もともとミシュランが国民車に関心をもっていたことが知られている。もちろんブーランジェも、オーヴェルニュ地方に住んで、その地の生活をよく知っており、自分の生身の体験のような感覚で、2CVの開発目標のことを理解していたに違いない。

ミシュランは、地元住民のためのクルマを考えたわけではなく、フランス全国民のための自動車を考えたのであり、その予想される使用環境、使用形態を、冷静に調査検討して、「形」を定めたといえた。ただ、"フランス全国民"の庶民生活も、つまるところ、オーヴェルニュ地方と似たような、田舎の生活だったともいえる。当時、隣国ドイツなどと比べて、フランスは未だ農業が産業に占める割合が高かったといわれる。現在では就業人口こそ農業分野は低下しているが、国土としては農地の占める割合が大きいうえ、生産高も多く、ヨーロッパ最大の農業国となっている。当時は、農業の集約化も進んでおらず、農家の戸数が多かったわけだから、国民車のユーザー像として、農家を想定したとしても、それは当然のなりゆきといえた。そのため、農作業の現場でも使えるような車体が考えられ、農作物を運べるような車体や、農村地帯の荒れた道も走れるサスペンション特性が実現されたと考えられる。

ただし、農家のためだけのクルマということではなく、TPVはなにをおいてもまずは、国民、大衆に、低価格でクルマを提供することが第一の目的だった。

たとえば2CVは、仕事だけでなく、余暇に使えることも意識された。農作物を運んだり、農作業時に使うだけなら、現在の日本全国の農地で使われる軽トラックのようなものも考えられる。けれども2CVは、たしかに軽便トラックにかぎりなく近い乗り物かもしれないにしても、基本はあくまで屋根付きで4人乗りの乗用車だった。

TPVは1939年10月に発表するスケジュールが組まれるのだが、PR用資料の草稿と思しき、1938年6月付けの、ブーランジェによる文書が残っている。その文書からは、TPVの目指していた姿が、浮かび上がってくる。「このクルマでどんなことができるか」、という項目を見ると、次のような4つの答が並んでいる。「日曜日に家から50kmのところに釣りに出かける、平地なのか坂があるのかによるが、1時間か1時間15分ぐらいで」、「村から、15km離れた庁舎のある街まで20分で行く」、「仕事場まで20kmの田舎に住んで、毎朝30分で通勤できる。一人か、もしくは節約のために同僚を乗せて」、「バカンスで、400kmを1日で走れる」。

この文書には、農家をはじめとして、特定な業種につ

TPVプロトタイプの生き残りの1台。戦時中にミシュラン工場で作業用ピックアップとして使われ、終戦後スクラップ寸前で救出された。ノーズ部分や車体後半部が改造されている。

いて書かれてはおらず、対象ユーザーとしては、農村の生活も想像できるけれども、工場などの労働者でもあてはまるように見える。実際、それとほぼ同時期の、開発チームに向けた別の内部文書では、労働者でも買えるように、安くする、というような文面が出てきたりする。先の文書の4つの答のフレーズは、その後も改訂されて、戦後の2CV発表に向けた文書でも生きているが、戦後になってくると、ようやく農家や産婆、セールスマン、などの具体的な業種、職種が出てくるようになる。

こういったことから類推すると、2CVの、農家を重視したというイメージは、戦後になって浮上した、ことによってはつくられたイメージという面もあるかもしれず、戦前のTPVは、ただ単に「汎用」の大衆車を想定していたと考えるべきなのかもしれない。2CVは世に出るまで時間がかかったので、戦後にはルノー4CVをはじめ、低価格車が一気に普及することになり、そこで2CVの生き残れる得意分野が強調されたのではないか、という憶測もなりたたなくなさそうに思える。

ミシュランもシトロエンも、ヨーロッパにおける近代化の過程で登場した先進的企業であり、産業革命以来の、工業化社会の先頭をゆく存在だった。TPVを現代のスマートフォンとまでいうと、あまりにスマートすぎるだろうけれども、シトロエンとミシュランが融合して開発するクルマは、やはり当時の文明社会の先端をゆくべきものだったろうとは思われる。スローライフの象徴であるようなイメージは、2CVの実態に、最初から100%合っていたというしかないにしても、おそらくそのイメージは1960年代以降に強調されたもので、本来スローなのはただ「最高速が遅い」だけで、むしろ近代化、工業化の進展とともに登場した存在であったのだった。

産業革命の進展にともなって、都市を中心に工場が建

1925年頃のクレルモンフェラン。県庁所在地に相当するような地方都市だが、古い火山の山地に囲まれた平野部は、基本的には農地が広がり、そこに住宅が点在している。手前の真新しい住宅群はミシュランが建設した労働者用住宅で、市中心部にある工場から比較的近いが、同じような新興の住宅群は郊外にも建設され、遠景にも見えている。この地で2CVの構想は生まれた。

設され、工場での職を求めて、農村部から都市周辺に集まってきた人々が「労働者」である。彼らは、都市の周辺に建設される共同住宅などに住み、工場までは、徒歩やあるいは、19世紀末に普及した自転車で通ったかと思われる。都市が大きく、工場の労働者も多いようなところでは、市内電車が敷かれることもあった。米国自動車産業の一大拠点デトロイトなどの場合、路面電車が通っていたようだが、フォードの場合、大量生産であげた莫大な利益を労働者に還元し、それによって労働者にもクルマ（T型フォード）を買えるようにしたというのは、あまりに有名な話である。ミシュランの工場がある本拠地クレルモンフェランは、田舎ではあるが、教会があり、ほかでもないミシュラン工場がある、先ほど言ったような都市の典型例だった。ミシュランは、増えてゆく労働者のための住宅の建設に力を入れており、実はブーランジェがミシュランに入って、まず最初に任されたのは、その建設事業の監督だった。ちなみにミシュランの工員は、農民が兼業でやっているようなケースもあったという。当時のクレルモンフェランの光景を見ると、まさに先ほど見たブーランジェの文書で想定したTPVの使い方が、ぴったりあてはまる感じがする。

それにしても、釣りに行ける、などということを第一の「セールスポイント」にしているのは、いかにものどかで、後の世で定着する2CVのキャラクターを先どりしているようでおもしろい。その時代背景として思い浮かぶこととして、フランスではちょうどTPVの開発が始まった当時、1936年から37年に、一時的のことながら、人民戦線内閣が誕生した。これは、フランス史上初の左派政権で、有給休暇法や労働時間を短縮する週40時間法などを導入した。近代化が進行する当時のヨーロッパで、国民生活の向上に関わる余暇の充実は重要項目だったのだが、国民車の実現は、大局的には、国民の福祉や余暇の分野の案件といえた。上記の文書で「釣り」を最初に書いているのも、もしかすると、当時の政治や風潮を意識した

クレルモンフェランの新興住宅地のような村。教会も新しそうに見える。1930年の光景。悪路に強そうな乗り合いバスは、村同様に新興の存在で、TPVはその自家用版と考えるとしっくりくる。

ものかとも思える。

　ちなみに人民戦線内閣は、1933年にドイツでファシズムのナチス政権が誕生した脅威などを受けて成立したが、すぐに崩壊してしまった。ところがドイツでは勇ましい号令のもと、アウトバーンの建設が始まり、フォルクスワーゲンが開発されることになった。国家主義になったドイツでは、フォルクスワーゲンの事業は、名目上は、KdFという、国民の余暇を担当する公的な団体組織が担った。これに対して、国内がばらばらで、覇気も欠いていた当時のフランスは、国家主義に自ら陥らなかったのは幸いとはいえ、国民車実現は、民間のつくり手各自が自活のうえに、工夫して行なうしかなかった。その結果誕生してくるのが、シトロエン社が開発した2CVだった。

■**徹底したコストダウン**

　ところで、このようなコンセプトの自動車は、あたりまえには開発できるものではなかった。なにしろ今まででできなかった自動車を実用化するのだから、設計の構造改革が必要だった。

　TPVは、まず国民車の第一前提として、価格が安いことが最重要だった。コストダウンの徹底が課題となり、コストに直接的に影響するものとして、極端な軽量化が追求された。当初の目標の重量は300kg程度で、1939年型TPVでは結局約380kgになるのだが、たとえば先述の5CVは2人乗りでも約550kgあり、トラクシオンアヴァンの最小モデルでは900kgあった。ちなみに、1949年の2CVは495kgだった。TPVは、荷物を積めるよう、車体が大きいことを求めたので、ことさらに軽量構造を極める必要があった。

　また、コストダウンの要求から来ていることとしては、エンジンの馬力も低いものですまされており、当然出せるスピードも低かった。当時の、先ほどと同様の発表時向けに制作された資料を見ると、「このクルマは山間地で使えるようにはつくられていない。ガソリンを浪費する、より強力なエンジンが必要になるからである。きつい坂道では、とくにフル乗車（積載）の場合、2速か、ときには1速を選ぶべきである。10km/hか15km/hでしか走れないだろう。早く行きたいのなら、その場合もやはり、ガソリンを浪費するより強力なエンジンが必要になる」などとある。とにかく節約のクルマですぞ、と説明する語句を並べて、それがいやならば買ってはいけないと、注意している。山間部に向かないとわり切っているのは、フランスの国土が平野部主体であることが関係している可能性もある。

TPVのシート台座はフロアにサイドメンバーのごとく固定される。ハンモックのように天井からのワイヤーで吊った布がその上にわたされている。クッションはその上にただ置かれるだけ。

　TPV固有の開発目標として、優れたサスペンションというものもあった。悪路を走っても卵が割れないという目標が、その象徴だけれども、快適なソフトなサスペンションに対して、当時ブーランジェは異様なほどにこだわりをもっていたといわれる。さらに、ピエール・ミシュランも快適な足にこだわっていたようであり、サスペンションにこだわったのは、ミシュランがタイヤメーカーだったことと無関係ではなさそうである。前出のTPV発表時向けのブーランジェによる草稿には、「サスペンションはたぶん世界で最高のものである、30万フランの自動車よりも優れる」などと書かれていた。2CVは、開発時にロールス・ロイスまで比較テストに供されることがあったらしい。

　そのほか、長身のブーランジェがシルクハットを被ったまま、シートに座れることが指標となったといわれる。人々が日曜に正装して教会に行くのに、乗りやすいようにということだった。また、TPVは、新規の自動車ユーザーのとりこみが重要で、運転を知らない女性ドライバーにも扱えるよう、操作や整備が簡単なことが重視された。前輪駆動も、素人に運転しやすいことが採用の理由のひとつになっていた。

　TPVが正式な計画となってから、最初の試作車が完成したのは、1937年初頭のことだったとされ、その後合計49台の試作車がつくられたといわれる。試作1号車は、まともに走る代物ではなかったらしい。常識を超えるような軽量化が必要で、当初から独創的な設計に挑んでいたからだった。また、その後つくられた試作車では、一般道をテストで移動中に火災を起こして、大騒ぎとなったことがあった。TPVは、軽量化のために発火性の高いマグネシムを使用していた。

　TPVの開発が難航しそうなことは皆が思うところだったようで、一部のエンジニアは、秘かにトラクシオンア

第1次大戦中にミシュランは爆撃機ブレゲ14の量産を担当。ブーランジェが乗り、ルフェーヴルが設計に関与したのもこんな飛行機だった。その設計精神が2CVに宿っていると感じられる。

ヴァンの小型版として、その技術を流用してTPVをつくることを模索した。トラクシオンアヴァンは既に実用化されているから、自動車メーカーとしては、それは理にかなったアプローチに違いなかった。ただ、それではおそらく目標とする低価格は実現できず、いわば現実に妥協した案といえた。この案を、ブーランジェは激怒して、中止させたという。ブーランジェは、TPVの厳しい目標である当初のコンセプトを、妥協しようとしなかった。

■2CVの父、ブーランジェ

ブーランジェは社長の座に就いてからは、その立場から開発を指導した。

ブーランジェは、第1次大戦では偵察機や爆撃機の乗り手として、危険を冒して大きな活躍をした英雄的人物で、レジョンドヌールも受勲している。操縦士として優れただけでなく、偵察機の撮影道具の扱いで、技師的なセンスを発揮したという。大戦前には、若くしてアメリカへ渡っており、路面電車の運転士などの仕事をした後に、建築関係の事務所を設立した。開戦後に帰国して従軍したのだが、若い時以来、軍隊で仲のよかったマルセル・ミシュランの紹介で、終戦後、ミシュラン社に招かれた。マルセルは、創業者兄弟のうちの兄アンドレ・ミシュランの息子で、弟の方のエドゥアールの家系が会社を継ぐ方針があったといわれるのだけれど、マルセルも社内で重要な役を担った人物だった。先述のようにブーランジェは当初、ミシュランがクレルモンフェランで大規模に建設を進めていた、労働者用住宅建設の管轄を任された。ブーランジェは、エドゥアール・ミシュランにも多大に信頼され、1937年にその息子ピエール・ミシュランが亡くなると、ミシュランの共同社主に任命された。ただしナンバーワンの（エドゥアールの）座を継ぐのは、同時に共同社主に任命されたロベール・ピュイズーで、ブーランジェはナンバー2

だった。とはいえ、ピュイズーはミシュラン一族と婚姻関係があり、そうでないブーランジェの出世は異例なことだった。質素でまじめなことを好むブーランジェは、ミシュラン以上にミシュラン的だといわれた。

ブーランジェは、工学の教育を受けていないが、アメリカでは建築の図面をひいていたようであるし、機械について洞察力があった。また、乗り物の運転についても、電車から飛行機まで経験があったくらいだから、当然のようにクルマの運転もよくやり、開発の現場に定期的に通って、走行テストを積極的に自ら行なった。

彼は、TPVの開発に対して、頑固さをもって指導力を発揮した。TPVは、ミシュランが、前から構想を暖めていた国民車だったわけであるが、ひょっとすると、自分を認めてくれたミシュランの遺訓を守ろうとして、こだわりをもって取り組んだ面もあったかもしれない。ちなみにTPVの戦前の開発中には、エドゥアール・ミシュランは存命で、彼が最終的な権限を持っていた。とはいえもちろん、ブーランジェ自身にとって、思い入れのあるプロジェクトであったことは間違いない。2CVの「じり貧思想」を進化させ、貫徹させたのはブーランジェだった。TPVの開発スタッフに対しては、既存のやり方にこだわらず、自らの考えで対処するようにと、いいきかせた。エリート学校出身者に対する、ある種反骨精神というものもあったようだけれども、常識にたよらないというのは、常識を超える低価格車をつくるために、新技法を開発せざるをえないということもあったはずだった。いずれにしても、彼はものの根本を見極めて、合理的に対処していくことを好み、その結果2CVのようなクルマの誕生が可能になったといわれている。

■独創性重視の開発

この「独創性奨励」の社長のもとで、水を得た魚のように活躍した独創的エンジニアが、アンドレ・ルフェーヴルだった。ルフェーヴルは元はヴォワザン社にいたエンジニアで、高級車を主力にしたヴォワザン社が経済恐慌で経営が悪化した後、ルノーを経由して、トラクシオンアヴァンを開発中のシトロエンに移籍してきた。

ヴォワザンはもともとは航空機メーカーで、第1次大戦で大きく貢献した後、自動車メーカーに転向した。航空機での国家的な名声を糧にして高級車を製造し、大統領専用車に選ばれていたのをはじめ、上流階級から強く支持されるクルマとなった。もともと航空機を手がけていたために、ヴォワザンのクルマづくりは、高度に合理的なところがあり、しかも唯我独尊的な傾向が強かった。ルフェ

ーヴルは、航空工学の学校を出た後、創業者ガブリエル・ヴォワザンの下で、戦時中にまず航空機設計から始めて、長年、その右腕としてヴォワザンのクルマの設計を担った。

ブーランジェはこのルフェーヴルを高く評価して、ビューロー・デチュードと呼ばれる研究開発部門を統括させた。ブーランジェが彼を気に入ったのは、互いに飛行機に関わったことで、共鳴することが多かったかとも思われる。ミシュラン一族にも、飛行機に関心を持つ人が多くいた。創業者兄弟の兄のほう、アンドレ・ミシュランなどは、名高いフランス航空クラブの会長をしたほどだった。飛行機だけが理由ではないにしても、トップのエドゥアール・ミシュランも、ルフェーヴルを高く評価して、特別に扱ったといわれる。

ルフェーヴルは遺憾なくその能力を発揮し、2CVの開発は進んだ。ただし、ルフェーヴルがひとりで図面をひいて、独創的な設計を完成させたというわけではなかった。そうではなく、設計の各部分にはそれぞれ担当の責任者がおり、彼らはアイデアを出し、形にした。シトロエンは量産を目指す近代的自動車メーカーとして、当初から現代の開発と同じように、チームで設計をする方式を採っており、2CVでも基本はおそらくそのように開発された。

長い開発期間中に人員の変化もあったけれど、2CV開発では多数のスタッフの名が知られる。足回りや、ギアボックス、ブレーキなどの担当は、アルフォンス・フォルソーだった。2CVの中でもとくにユニークな前後関連懸架の特許をもつのは、航空工学を修めた技師のピエール・メルシエで、戦中や戦後には、レオン・ルノーやDSのハイドロニューマチック・サスペンションを発案したポール・マジェスらも、特異なソフトなサスペンションの開発に貢献し

フラミニオ・ベルトーニ。1930年代中盤から約30年、シトロエンのデザインをリードした。とくにDSは評価が高い。

た。車体のスペシャリストとしては、ジャン・ミュラテやモーリス・ステックがおり、さらにデザイン専門のフラミニオ・ベルトーニがいた。また当初のエンジンを開発したのは、トラクシオンアヴァンの傑作と呼ばれるエンジンを開発したモーリス・サンチュラで、途中からワルテル・ベッキアが登場する。TPVの統括役としては、自動車メーカーを立ち上げる前からシトロエンにいて、一時他社（アミルカー）の技術部長になっていたという、古参のマルセル・シノンが、重要な役を果たした。さらに、ビューロー・デチュードの部長として、モーリス・ブログリーがおり、戦時中にはジャン・カディウがその後を継いだが、カディウは、第1次大戦のときにブーランジェと同じ部隊にいて戦死した人物の息子だった。

ルフェーヴルは、正式な役職をビューロー・デチュード内にもっていなかったといわれる。幹部から特例的な権限を与えられて、ビューロー・デチュードでの開発を統括していたようであり、いわばスーパー技術部長だった。ただし、2CVのときは、その上にハイパー技術部長のようなブーランジェがいたわけだった。

ビューロー・デチュードは、アンドレ・シトロエンの時代からあったもので、とくに、トラクシオンアヴァンの開発のときに、それが革新的技術の全面的導入になったために、独創性を重視する姿勢ができあがり、それはルフェーヴルの加入でいよいよ顕著になったといわれる。そこに続けて、ミシュランからブーランジェがやってきて、これがまた独特の哲学で、独創性重視の方針を発展させた。

ブーランジェの指導に対して、当初、モーリス・ブログリー以下、古株のエンジニアからは反発があった。TPVのコンセプトが前代未聞で、開発目標が数値的にも厳しいものだったから、非現実的に映ったようだった。ミシュ

アンドレ・ルフェーヴル。ヴォワザン社ではレーシングカーなどの設計を行ない、自らGPレースに出場もした。

ランはシトロエンの財政再建のために大規模な人員整理も行なっており、新しく来た指導者に、精神的な抵抗感もあったかもしれない。それでもとにかくブーランジェは、TPVを実現すべく、頑固さをもって開発を進めさせたのだった。

■ **250台の量産先行モデル**

ミシュランは秘密重視の社風があったため、ビューロ・デチュードは、神秘の館などと言われたらしいが、ビューロ・デチュードはジャヴェルの工場の敷地から少し離れたところにあり、トラクシオンアヴァンの頃から、そこでの開発は、社内でも極秘扱いだった。

そのうえブーランジェは、新型車開発の専用のテストコースを、パリの近隣に新たに建設することにした。TPVは目立つ外観であるうえに、テスト走行中にトラブルが起きたりしており、外部の目を気にせず開発を進められるテストコースが必要とされたのだった。白羽の矢がたったのは、パリの西方約130kmに位置するラ・フェルテ・ヴィダムだった。そこは古い城を囲む広大な敷地で、1920年代にはそこに、レース・サーキットを建設する話もあったようなので、テストコース建設にはうってつけの土地といえた。敷地は農地や森に囲まれていただけでなく、周囲11.5kmにわたって高さ3m近い石壁に囲まれており、人目を遮断した。テストコースは社内でも一部の者しか入場が認められず、誰であっても入出場のときに荷物検査をして厳しくチェックされ、さらに、敷地内での撮影は厳禁とされた。

いろいろなシャシーや、車体構造、エンジンが検討、試作され、何台もの試作車が、やがてテストコースを日夜走りまわるようになるが、それより前の1938年の夏頃に、新型車の発表に向かう方針が固められた。そのとき、TPVの市販化について、存命だったエドゥアール・ミシュランも許可を与えたといわれる。TPVは、そこからさらに未完成の多くの部分を煮詰めていくが、まもなく、1939年10月のパリ・サロン（モーターショー）での発表に向けて、250台の量産先行モデルの製造を始めることが決まった。かつて5CVを製造し、ハーフトラックの生産も行なっていたパリ郊外のルヴァロワ工場に、製造のためのラインが設置された。そして、1939年8月28日付けで、役所から「2CV.A」という型式名で認可され、最初の1台が1939年9月2日に完成したといわれる。ところが、その翌日、ラインはストップされた。9月1日に、ヒトラーのドイツ軍がポーランドに侵攻し、それを受けて9月3日に、フランスがドイツに宣戦布告し、第2次大戦が勃発したのだった。

1994年にフェルテ・ヴィダムの納屋の屋根裏で3台のTPVが発見された。屋根を壊して搬出されているところ。

250台生産予定のうち、ごくふつうに考えて、ほぼ完成のものも含めて、さまざまな段階の未完の車両がライン上にあったはずだけれども、資料を見る限りでは、半数弱が一応クルマといえる段階まで完成していたようで、それが後にドイツ軍の目につかないようにシートで覆われたり、ことによると破壊されたりした。残りの半数強の未完状態のものは、ある工場の敷地に、さしあたって山積みにされたという。

■ **TPVの設計**

TPVが1939年10月に発表されていたとしても、市販車として成功できたかどうか、疑問も呈されている。10年後なのだからあたりまえではあるけれど、1949年に市販化される2CVと比べると未熟だった。

ただ、極端な低価格を目指したクルマで、はじめから軽便車両的なイメージでつくったとすると、つくり手としては、「目標」のレベルに達したと考えたのかもしれない。「こうもり傘の下に4つの車輪を付けたもの」というフレーズは有名であるけれども、開発も半ばの1938年に、ブーランジェがTPVのコンセプトについて書いた書類には、「TPVは、雨や埃を防ぐことのできる、4座をもつ自転車…」と書かれている。TPVは、馬がひく荷車の置き換えをねらったほかに、乗用の乗り物としては、自転車やサイドカー付きオートバイなどの置き換えを想定していた。

TPVは、車体側面の平らな外板が歪んでいる。つくりがいかにも荒削りに見える理由のひとつは、アルミ合金の一種、ジュラルミンを使用しているからだといわれる。ジュラルミンは当時飛行機で使用されるようになっており、TPVでもその軽さを買って採用した。当時は技術が未熟だったためもあり、ジュラルミンは鋼板とは違って、溶接などの加工がしにくかった。軽量化が最重要なので、

軽合金は各所に使われ、サスペンション・アームはマグネシウム合金だった。

室内のシートの構造は航空機に倣ったものといわれ、アルミと思しき金属構造部は台座しかなく、背もたれと座面は、上方からワイヤーで吊られた棒にひっかけた布でまかなっており、まさにハンモック式だった。さすがに、座面にはクッションも敷ける想定のようだったが、少なくとも当初は、クッションはユーザーが各自で用意して敷くものであったらしい。

ルーフは、後部のトランク部分までが、一枚のキャンバス布という大胆なもので、極端な軽量化が課題なので、このようなものになった。ドア窓も、ガラスではなく、透明樹脂のアクリルを用いた。

プラットフォームシャーシーと、前がリーディングアーム、後がトレーリングアームという組み合わせの、前後独立懸架のサスペンション形状は、基本的には後の2CVと同じであるようだった。バネにはトーションバースプリングを採用していた。

エンジンは水平対向2気筒で、生産型2CVと排気量も同じ375ccであるが、水冷だった。当然ラジエターが備わり、エンジンの上方に置かれた。水平対向エンジンは、1930年代にオートバイ、航空機などでも多く使われるようになっており、スムースな特性なので、振動の出やすい2気筒としては優れたエンジン形式だった。当時デザイナーのベルトーニが乗っていたBMW製オートバイが水平対向2気筒を使っており、このエンジンが優れていたので、ドイツまで行ってエンジンを買ってきて、研究したといわれる。

ヘッドライトは、当時のサイクルカーの法規に沿って、1個で済まされている。1939年の先行量産モデルでは、ライトはドライバー側（左）に置かれているが、試作段階の

屋根裏で発見されたTPV。水冷エンジンの上方にラジエターが立っている。エンジン前方にマフラーが付く。フロントサスペンションは、市販型2CVと同様の太いリーディングアーム。

モデルでは、ラジエター部分にボンネットがなくノーズ中央に穴が開いている状態のものもあり、その穴の上や穴の中にライトを収めることも試していた。

ボンネットは、安直に蓋をしただけであるかのように見え、車体との間に段差があるが、その前につくられていた試作車にはボンネットがなかったので、これは直前でとりつくろったデザインかとかんぐりたくもなる。ボンネットまわりが波板であるのは、薄い板でも強度を出すためだった。機能優先で、いかにも工業製品っぽく無骨に感じられもするが、この時期に、機械文明時代の新手の装飾デザインとして流行していた、いわゆるアールデコ建築の装飾に通じるような雰囲気も感じられる。

■TPVのデザイン

この戦前のTPVと基本的な車体の形状は同じであるが、後の市販型2CVはデザイナーのフラミニオ・ベルトーニが関与して、巧みにバランスを整えた結果の造形であり、それに比べるとTPVはいかにも直截で原始的というべき佇まいだった。ブーランジェはTPVに対して、見栄えのいいスタイリングなどにはこだわるべきでないという方針であり、一度、ベルトーニが秘かに思いを込めてデザインしたものを提案したとき、激怒してその案を拒んだという逸話が知られる。ベルトーニは直前のトラクシオンアヴァンも担当し、後にはDSの作者にもなる、非凡な才能をもつデザイナーだったが、ブーランジェは、デザインに対して強いこだわりをもつ傾向があるベルトーニを、TPV計画から、遠ざけたのだった。

ベルトーニ抜きで完成された戦前型TPVのデザインは、目論みどおりというべきだろうけれど、機能主義の極致のものだった。車体側面が平板なのは、この頃主流だった、流線型の丸みのあるデザインのクルマと比べ、いかにも簡素に見える。TPVでは、極端なコストダウンを目指しており、そのため、アンドレ・シトロエンの経営破綻の原因にもなった、高価なプレスマシンを使うことを避けていた。また、ジュラルミンなので加工が難しいため、車体が平板になったということもおそらくあった。ボディ外板で、唯一プレスマシンを使って3次元的カーブになっている部分が、おそらく鉄製と思われるフェンダーであるが、しかしこれもプリミティブに見える。TPVのフェンダーは、既に生産中止になっている旧型車（C4）のフェンダーのプレスマシンを再使用して、成型したものだった。そのため、いかにもぎこちなく、ボディ本体と造形的に調和せずに付いている印象である。

そのいっぽうで、TPVのボディの真横から見たシルエ

TPVのエンジンの"蓋"を開けた状態。蓋なしの試作車もあった。低く収まったフラットエンジンの奥にラジエターが立ち、スラントノーズのデザインは理にかなっている。

ットは、実は典型的な流線型であり、当時の流行に沿った造形といえる。TPVは、低速で走るクルマなので、流線型にして空気抵抗を低くする必要性はほとんどないはずである。これについては、ライバルのシムカ5の流線型に対抗したかと思えなくもないし、ブーランジェといえども、当時の流行をまったく構わなかったわけではないと、いえるかもしれない。ただ、TPVはノーズの先端に、薄型形状のフラットツイン（水平対向2気筒）エンジンを置き、その後ろに大きなラジエターが垂直に立てられているので、フロントウィンドウからノーズにかけて、スロープのように下降していくデザインは、理にかなってい

るともいえる。もっとも、それをわざわざなめらかにカーブさせるのは、コルゲート板ということもあるし、加工が少しよけいに難しかったのではないかと思える。いっぽう、ボディの後部が傾斜していることについては、上面（ルーフから車体後部にかけて）を布で覆うだけなので、金属板を曲面に加工する必要はないから問題なかったのだろうし、そのように布で覆い、しかもその布を巻き上げ式にするには、（車体を真横から見て）カーブが付いていることがむしろ適しているとも思われる。

そのほか、車体を横から見ると、前後2枚のドアを囲む形状が、丸く、かぼちゃの馬車のような形に見える。

このように見ていくと、TPVは、いかにも無骨な機械そのもののクルマのようでも、デザイン心はやはりあったわけだった。参考としていえば、ブーランジェは、もともと若い頃、工芸系の学校を志望していたくらいであり、「デザイン」というものに対して、無知・無頓着ではなかったと思われる。

近代文明に反旗をひるがえして、優美で優良なデザインを拒むものとして、「アンチデザイン」といわれるデザイン流儀が、戦後に登場しているけれども、TPVのデザインは、そういう高尚なものではない。TPV、2CVは、やはり基本的には、機能主義が賛美されていた時代のデザインといえる。デザイン史用語でいうところのモダニズム運動の時代であり、TPVが誕生した1930年代は、それが一躍脚光を浴びた時代だった。モダニズム運動は、大量生産方式に適したデザインとして、鉄やガラス、コンクリートなどの新素材を使って、生産効率を追求し、装飾を省きシンプルに徹した造形を推奨するものだった。当時、ドイツのバウハウスなどとともに、そのムーブメントの最先端にいた建築家として、ル・コルビュジエが知られる。コルビュジエは、クルマにも興味をもっており、先述のSIA

1973年のルマン24時間レースの会場で展示されたTPV。この角度から見ると、きわめて機械的な直線、曲線で成り立っているのがわかる。アールデコと同時代のデザインと感じられる。

リアウィンドウこそ小さかったものの、TPVの車体設計は、後の市販型2CVに忠実に受け継がれている。TPVは、ルーフを覆うキャンバスは後側からも巻き上げることができた。

TPVは5台が現存する。この見開きの写真4点は1968年に初めて発見された1台で、レストアが施された。おそらく鉄製のフェンダー以外は、ほとんどがジュラルミンなどの軽合金製。ドア窓は透明樹脂製。段差の付いたボンネットは、波板の凹部をくりぬいてラジエターグリルにしたようなもので、その補強も兼ねるように、（歯一枚の）ダブルシェヴロン模様がデザインされている。

の小型車設計のコンテストに応募したが、彼のその作品は、外見が少し2CVに似ていた。この頃は、必要な機能だけに徹して生産コストをとにかく下げ、生産効率を上げることで、労働者や庶民に、生活の便利な道具になる工業製品（自動車や住宅も含まれる）をようやく提供できるという状況だった。ブーランジェがTPVで指導した哲学は、大局的には、モダニズム運動の哲学と同時代的なものだった。ブーランジェがミシュランで最初に手がけたのは、前述のように労働者向け住宅の建設であり、それはまさに、TPVの住宅版のような存在といえた。

ただし、TPV、2CVは、大量生産を奨励する近代文明に対するアンチテーゼのような、痛快さや、スローライフのキャラクターをもっているのもたしかなことである。独特の反骨精神をもちあわせていたブーランジェの生き様が、やはり反映されたといえるのかもしれない。ありふれた大量生産品のようにならなかったのは、やはり、いわゆるフランスのエスプリが、どこか根本的なところで働いた結果なのかもしれない。

■**占領下のできごと**

1939年9月にTPVの市販化が中止されたものの、独仏の戦闘は1940年5月まで始まらなかった。しかし翌6月にはパリのシトロエンの工場も爆撃を受けた。さまざまな物や人が疎開することになるが、このとき、政府までが、迅速にパリから疎開してしまうことになった。休戦協定によって、パリを含むフランスの北側と東側のおよそ半分はドイツの占領を受け入れて、クレルモンフェランそばのヴィシーに傀儡政権の政府が設置された。そのいっぽうで、6月18日にドゴール将軍がイギリスからラジオで徹底抗戦を呼びかけ、レジスタンスがやがて盛んになる。

ミシュラン社とシトロエン社は、レジスタンスに近い立場だったことが知られ、両社の創業家一族には、レジスタンスに身を捧げた者が多い。ブーランジェをミシュランに招いたマルセル・ミシュランもそのひとりで、拘束され非業の死を遂げている。ちなみにマルセルの息子のうち2人は、ド・ゴール率いるレジスタンスの拠点ロンドンへ亡命し、イギリス空軍のパイロットとなった。マルセル・ミシュランは、若い頃から自動車レース参戦に興じたりした情熱家で、ミシュラン社内では、技術開発で貢献していた。TPVの開発時にも、何度か評価のために、クレルモンフェランでの日常の移動にTPVを使用するなどしており、簡単な報告書をブーランジェに送ってもいる。その書面を見ると、二人称を「きみ」とする、いわゆる友達言葉が使われている。シトロエンとミシュランは、TPV開発中も連絡しあっていたのだった。

ブーランジェもドイツ軍に対して、あの手この手でサボタージュなどを行なっており、ドイツ軍のブラックリストに載っていたことが知られる。とくに2CVに関するブーランジェの逸話は知られている。パリ占領後まもなくTPVの存在を知ったドイツ軍が、車両を見せるように要求したのだが、ブーランジェは、一民間企業の営みであるから、守秘の権利は守られるべきだと言って、絶対に見せようとしなかった。ドイツ軍は、総統に見せるだけだと言い、交換条件としてフォルクスワーゲンが1台、シトロエン社に送り込まれ、さらには設計者のポルシェ博士まで説得のためにやってきたという。ところがブーランジェはそれらを全て拒んだのだった。ちなみにポルシェ博士は大戦中、フランス東部のプジョー工場に関わってお

り、フランスに来ることがあった。

シトロエンは占領下で、ドイツ軍のためのトラック生産に従事した。2CVは、いかにも軍用にあまり向きそうもないクルマだけれど、ひょっとするとドイツ軍はある程度それを見切ったため、おとがめなしですんだのかもしれない。ちなみにフォルクスワーゲンは、計画当初から軍用車への転用も若干意識されていて、軍用版のキューベルワーゲンが大量に戦場に送られた。2CVも悪路走破性があるが、とくに当時のTPVは非力で、走行速度が遅かった。しかるべき重装備や荷物を積んだ状態では、おそらく山岳地をまともな速度では走れなかったかとも思われる。戦争前夜、ドイツは機動部隊の役割を重視し、フランスはそうでなかったといわれており、その差が両国民車の形に、期せずして表れたようにも見える。とはいえ、2CVも、自動車としては非凡な合理性を持ち合わせていたし、やがて戦闘が終結したあとに、秋になってキノコが森で顔を出すように、しぶとくマイペースで誕生してくることになるのだった。

■ **戦時中の2CVの進化**

TPVの開発は、戦時中も続いた。当然大きな制約がある環境だけれども、設計の見直しもされ、進化を進めた。

大きな改変としては、車体の素材に、ジュラルミンなどの合金を使うのは見直され、スチールに戻された。戦後、1958年にシトロエン社の社長に就任することになるピエール・ベルコが、TPVの生産コストを計算し、戦前に完成したものでは、予定より原価が40％オーバーすることを明らかにした。これは、戦前の予想よりも、軽合金類の価格が下がらなかったことも要因だった。

具体的な設計の変更としては、サスペンションは、前後

ベルトーニの1945年頃のデザインスケッチ。スマートになっているが、まだライトは1個。グリルのデザインをいろいろ検討していた。

の基本のアーム形状は変わらないが、バネまわりの構造が変わった。戦時中に、後にDSに採用されるハイドロニューマチック・サスペンションの研究が始まり、それはTPV試作車でも試験された。DSも2CVも、ソフトなサスペンションを目指したということでは、共通性があった。ただハイドロニューマチックは高価なので、2CVへの採用は、非現実的だったと思われる。採用されたスプリング構造は、前後を連結するもので、そのロッドが左右サイドシルの下に置かれ、前後ロッドの間にはスプリングが介されていた。この前後連結の構造によって、ソフトで伸縮のストロークが大きいサスペンションでありながらも、ピッチングを抑えることができた。さらに、効きが弱いフリクションダンパーを補うものとして、珍しい慣性ダンパーが採用された。

サスペンションを支えるシャシーは、プラットフォーム式であり、プロペラシャフトや後部のデフがない前輪駆動であることを活かして、荷室までフラットな床を実現した。プラットフォームが強度を負担し、上に組まれる車体の鋼板は応力を受けないので、極力薄くすることができた。

エンジンは寒冷時でのスタートに問題を抱えており、最終的に空冷エンジンが採用された。この空冷エンジンを手がけたのは、戦時中1941年にシトロエン社に移籍してきたイタリア人のワルテル・ベッキアで、元はタルボなどのGPレースカーのエンジン設計で名の知られたエンジニアだった。

エンジンは馬力こそたいしたことはないが、高回転での巡航運転が可能なように、徹底的にベンチテストされて鍛えられた。速度にかまわないといいながら、結局、能力いっぱいにアクセル全開で走れるような性能をもつようになった。とはいえ、1949年の最初の市販型2CVの最

1943年頃のデザイン画。戦前のTPVより市販型に近いが、前後フェンダーがいびつで、ウェストラインは水平にひかれている。エンジンはまだおそらく水冷で、中央にライトが付く。路上でこれに似た車両が目撃され、キュクロペス（ギリシャ神話の一つ目巨人）とあだ名された。上図のベルトーニのスケッチは、これよりも後の段階のもの。

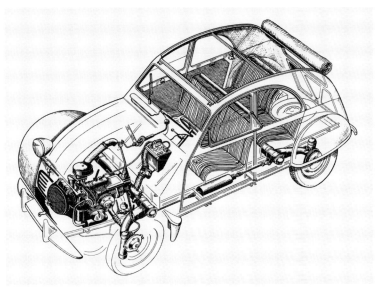

1960年頃の2CVの透視図。前後サスペンションは、筒状のクロスメンバーからバナナ状のアームが伸びている。前後は、サイドシル部分に通されたワイヤーを介して連結され、中間にスプリングを収めた円筒が置かれる。ホイールハブ部分の垂直に立つ筒は、錘とバネを収めた慣性ダンパー。慣性ダンパーはバネの上に浮いた錘でホイールの上下動を緩和するもので、このほかサスペンションアームのピボット部が、フリクションダンパーとして仕立てられている。

高速は、戦前のTPVから5km/h増えただけの、65km/hだった。

ベッキアは空冷エンジンとともに、4速のギアボックスを設計した。ブーランジェは3速であるべきと考えていたので、当然これを拒もうとしたが、4速目はオーバードライブということで、納得することになった。

また、2CVの発表直前になってから、電動スターターが急遽与えられることになった。それまでは、クランクハンドルのほかには、船外機のようにひっぱってエンジンをかけるひもが装備されていたが、女性ドライバーがそれをうまく扱えないことが、直前に問題としてあきらかになったのだった。スターター付きとなるとバッテリーも必要で、コストも重量も増えるので、ブーランジェとしては使いたくなかったが、運転や機械のことを知らない女性にも扱えることは、TPVの重要な基本コンセプトだったから、結局採用されることになった。ブーランジェは、素人の女性ドライバーの試験として、たびたび自分の娘にテストドライブをさせており、この件も、彼女がエンジン始動で手間取ったことから、問題が認められた。

スタイリングも、戦前型よりもかなり改善され、基本的な様式は変わっていないが、洗練された。当初は蚊帳の外に置かれたフラミニオ・ベルトーニは、イタリア人であるため、占領下ではドイツに協力する立場になってしまうこともあった。そしてオートバイ事故でけがをして休養したり、独自に建築デザインを学ぶために芸術学校に通うなどもしており、シトロエン社にフルタイムで勤務していたわけではなかった。しかし結局出番が回ってきた。2CVは、開発期間が長くなった結果、シトロエン社が持ち合わせていた一流のクルマづくりのノウハウがより十分に浸透したといえそうであるが、スタイリングにもそれが反映されるようになったのだった。

市販型2CVは、このあと述べるように、発表後にブリキ細工のごとくに語られて、けなされることになる。ただ、実はデザインとして見ると、かなり整った形をして

最初期の市販型2CV。全体のスタイリングが端正に整えられ、ウェストラインはリア下がりになっている。最初の2CVはダブルシェヴロンのマークが楕円で囲まれていた。

初期の2CVは、ルーフ前端からテールエンドまでが一枚のキャンバス布で、巻き上げて、天井部とトランク部を広く開けることができた。現代のハッチバック車に近い使い方ができた。

TPVの水冷フラットツイン・エンジン。ギアボックスは3速でコンパクト。水冷用のラジエターが直立している。左側（進行方向）の下部にある太い筒はマフラー。

初期の市販型2CVのエンジン。空冷なのでシリンダーにフィンが付いた。ギアボックスはTPVより大きく、マフラーはその下に位置した。インボードブレーキも採用された。

いるという指摘も今ではあり、ベルトーニをはじめとする、シトロエン社開発スタッフのレベルの高さが、十分発揮されたといえた。

■2CV発表時の意見調査

1944年8月にパリが解放され、戦争が終わっても、2CVはなかなか発売されなかった。終戦当初、産業界の復興を期するにあたって、工業省の役人ポンスが作成したポンス計画は、政府が産業界を直接的に指導して、経済復興を図ろうとするものだった。自動車産業では、代表的メーカーに車種の住み分けをさせて、生産を効率よく分担させる方針で、それによるとシトロエンは、戦前からの中級車であるトラクシオンアヴァンを引き続き生産するしかなかった。それに対してルノーは、戦時中の対独協力的な姿勢を責められて、国営化されたが、国営化されたおかげで優遇されることにもなり、戦時中に開発されていたリアエンジンの小型車4CVを、1946年のパリ・サロンで発表していち早く市販化することができた。ポンス計画は、まもなくその効力を失うようだけれども、その影響で、2CVは発表が遅れたと見られている。

2CVは、1948年10月のパリ・サロンでついに、発表されることになる。戦前からときどき路上で試作車が目撃されていたこともあり、2CVは巷で噂される存在になっていたが、実際にショーで展示されると、反響を巻き起こした。フランスの花形的存在の自動車メーカーであるシトロエンの、久々の新型車ということなので、毎年のようにショーを訪問する大統領も、その年はまっ先にシトロエン・ブースに向かい、その到着を待って新型車のヴェールがはがされた。そこでブーランジェは熱心に新型車のプレゼンテーションを行なうのだけれど、その間、2CVの簡素な佇まいを目の当たりにした大統領が、困惑した顔をしていたという逸話は、語りぐさになっている。

ショーを見に来た一般客の反応も、嘆きの声が多いようだった。ただ、ブーランジェらが考えたクルマのねらいを理解して、その価値を評価する声もあるようだった。会場でシトロエンが一般客相手に行なった意見調査の結果には、それがよく現れている。報告書は人々の感想を、外観、サスペンション、エンジン、快適さ、盗難、事故など13項目に分けて整理しており、それぞれ肯定的評価と否定的評価にグループを分けて並べている。

たとえば、外観についての項目の否定的評価のところを見ると、「波板のボンネットは見た目がよくない」というような、ごくもっともな意見もあるいっぽう、「このクルマは滑稽だ」とか「美しくない、ひどい」、などの率直な感想が拾われている。外観に関しては、肯定的意見として拾われているものでも、「そのうちに慣れるはず」とか、「このクルマでおもしろいと思うのは、メカニズムだ。ボディラインはどうでもよい」というような感じで、形そのものを本当に肯定するような意見は見あたらない。堅牢さに関する感想を集めた項目では、ボディの強度についての意見も多く並び、「車体の鉄板が薄すぎる」、「布製自動車だ」とか、「堅牢じゃない、これはまるでアルミの板だよ」などの意見があった。

ちなみに、この報告書では冒頭で、「同一の答えは1回のみ掲載」と書いているが、すぐ続けて「例外：サーディン（イワシ）の缶詰」とある。後ろの頁を見ると、たしかに「サーディンの缶詰」が2回出てきており、2個目の答はあとから鉛筆で線を引いて修正されている。これはもちろん、平板を使ったボディ外板が、まるでオイルサーディンの缶詰のようだ、という感想なのだけれど、イワシ以外を含めると、「缶詰」という答は、何個も掲載されていた。

1948年10月のパリ・サロンでの発表時。隣にはルノー4CVが見える。右手前の展示車両のところに、訪問した大統領とブーランジェがいると見られる。展示車両はフロアに置かれ、一般客も間近で見ることができた。

上と同じ時のシーン。ブーランジェが、訪問したヴァンサン・オリオール大統領に説明している。大統領がなんともいえない表情で説明を聞いている。

　興味深いのは、評判についての項目で、メーカーとしてどうか、というような声が集められており、肯定意見では「私は、シトロエン車なら目を閉じてでも買う。シトロエンが新型車を出したということは、よく検証され、テストされているわけだから、優れているはずだ」というような意見が多く、シトロエン社への特別な評価があったのがわかる。反対意見では、「これはシトロエンじゃない、ミシュランだ。オーヴェルニュ的な感じがする」などというものもあり、さらに「シトロエンの恥だ」とか、「こいつは潔癖主義のブーランジェがやったものだ」、「まったくもって失望だ、ムッシュー・シトロエンならどう思っただろうか?」というような意見が並んだ。

　これらの声を見ると、感情的には、じり貧の2CVのありように、ショックを受けたようなものがほとんどだが、さすがフランス人というべきか、それともブーランジェ社長以下のアピールが通じたのか、理屈としてはクルマのコンセプトをまっとうに評価していたようにも見受けられる。

　ふつうに考えて、やはり、平板なボディパネルに古風なフェンダーを付けたようなボディで、しかもルーフが全面的に布製であるというクルマでは、形のプロポーションがよいかどうかという以前の問題であり、誰もがとまどいを感じたに違いなかった。ただ、車体の強度についてとか、エンジンがごく小さいことなどは、冷静な心配ごとではあるようだった。

　2CVは、ショーに展示された翌年から、市販が始まった。1948年のショーのときは、先述の急遽設置が決まった電動スターターとバッテリーが未完成ということもあ

1950年のパリ・サロンで、フルゴネットが発表された。ルノー・ブースでは、やはりこのとき発表された多用途ワゴンボディのコローラルが展示されているが、設計はふつうだった。これもおそらく大統領訪問時のシーンだが、手前の2台の2CVは、人々が囲んで熱心に細部をのぞき込んでいる。

り、エンジンルーム内は未公開だった。市販化後も当初は量産体制が整わなかったので、流通は徐々に始まった。その後、生産は次第に軌道にのってゆくが、人々の「需要」を研究しつくされた新型車は、「予定どおりに」人々に望まれるようになり、一時は納車まで5年以上待つような状況になった。ちなみに、たとえばシトロエン・トラックを別に買った人には、優先的に2CVが納車されるということになっていたらしい。

第2章　2CVの発展

■フランスに必要とされた2CV

2CVの市販が始まってから1年あまりたった1950年11月のこと、ブーランジェは、トラクシオンアヴァンを運転してパリからクレルモンフェランに向かう途中に、事故に見舞われ、帰らぬ人となった。2CVを世に送り出したブーランジェは、2CVがフランス中の路上を走りまわる光景を見ることはなかった。

主を失っても、2CVの生産台数は次第に増えてゆき、商用のフルゴネットも加えると1952年には年2.8万台、55年に年10.5万台に達した。感情的には2CVにとまどいを感じたとしても、2CVの実質のことが評判になり、人々は2CVを買い求めた。恰好にはかまわないというブーランジェの考えが、使い手にもそのまま共有されたわけだった。元来2CVは1930年代終盤に構想されたが、国土が荒廃し、経済も疲弊していた終戦直後のフランスは、ある意味戦前以上に、2CVが必要とされる状況だった。

2CVのストイックさは、当初は広告の仕方にも適用された。発表当初の2CVの広告は、4頁のパンフレットで、写真のほかに、データを交えて淡々と説明する文章が綴られているだけのものだった。

車両の進化としては、発売から5年ほどたった1954年に、初めてエンジンが425ccに拡大され、最高速は80km/hに向上した。当初の2CVはAと呼ばれたが、これはAZと称された。さらに1956年には仕様をデラックス化したAZLが登場した。その後しばらくして、後部の荷室の蓋が金属板となる、トランク仕様が追加された。当初のボディカラーはグレー系のみだったが、1959年には、初めてブルーが用意された。

いちはやく追加されたバリエーションとしては、ボディ後半部が食パンのような形の荷室となる、商用車のフルゴネットが1950年に発表されている。2CVは前輪駆動で後部の荷室の床を低くフラットにとることができるので、これは仕立てやすいバリエーションといえた。2CVフルゴネットは、初期の頃から2CV乗用車の3分の1程度の生産が充てられ、2CVの生産が落ちこんだ1968年には、乗用車5.7万台に対し、5.1万台が生産された。乗用車より10年以上早く1978年に生産中止されながら、トータルでも乗用車の約3分の1になる約125万台が生産された。

■若者に支持された2CV

1960年代に入っても、2CVは改良を加えてゆく。1960年にはボンネットのデザインが初めて変更されて、洗練されたものになる。1963年にはエンジンが18psまで強化され、最高速は95km/hに向上した。1964年には前席ドアのヒンジが前側に移動して、一般的になった。翌65年

1957年型のAZL。ダブルシェヴロンを囲む楕円の輪がなくなり、ボンネット中央にクロームの線が入っている。そのほかリアウィンドウが大型化されるなど、細かく変更されている。

1951年型の最初期のフルゴネット（タイプAU）。有名なHトラックと同じように、荷室が全面コルゲートとなっている。ミラーがフェンダーに付く。

にはリアクォーターウィンドウが追加され、またフロントグリルのデザインも変更されて、顔つきが変わった。1970年には602ccエンジンを積む、2CV6が新設され、435ccの2CV4との2本だてになる。2CV6は33psで最高速110km/hになり、さらに後には115km/hにまで達した。1980年代に入ると、エンジンは602ccのみとなる。

1970年代の2CV6と2CV4のエンジンは、アミのエンジンを流用したものだった。アミは1961年に登場したモデルで、2CVのシャシーをほぼそのまま流用しながら、ボディを高級化して、シトロエンのラインナップに欠けていた中級車としてつくられた。アミは、上のDSと比べるとまだ大きな格差があり、その後、何度か進化して、最後に

トヨタ博物館所蔵の1953年型の室内。シートの座面はゴムを張った上にタータンチェック模様の薄いクッションシートを貼っている。

1963年に登場したデラックス版のAZAM。シートは骨格こそ依然としてパイプであるにしても、見た目はかなり豪華になっている。ホイールキャップやバンパーのオーバーライダー、ヘッドランプの縁どり、窓枠など、各部にメッキやステンレス・パーツがあしらわれている。グリルは1960年末以来、小口のものに変わっている。

1968年型のAZL。1965年以来、Cピラーに窓が入り6ライトになっている。リアもキャンバスではなく、通常のトランクリッド式になっている。ドアの薄さがよくわかる。

1975年型。1974年9月発表の1975年型から、角形ライトを採用したうえ、グリルが樹脂製になってデザインも変わった。

はエンジンを4気筒化したアミ・シュペールが1973年に投入され、豪華化と高性能化が進んだ。ただ、軽量車体が前提の2CVの独特なシャシーがベースでは、大型化、高性能化にも限度があり、それ以上の進展は見られなかった。

2CVの、スピードを拒んだような設計は、1930～40年代には、フランスの交通環境の実態に合っており、それで十分だった。ところが1960年代にもなると、まわりを走るクルマの性能は向上しており、おまけに2CV企画時にまったく考慮されていなかったというべき、高速道路の建設が戦後に進み、2CVに適しているとはいえない交通環境が次第に広がるようになった。

とはいえ、2CVの人気は衰えず、逆に増えることもあった。戦後に世の中が豊かになってくると、2CVの持って生まれたキャラクターを、おもしろいものとしてとらえる余裕が出てきた。よく働き、簡素に徹してつくられた2CVの持つ性格や雰囲気に、愛着を感じる人が増え

1955年型AZの簡素なコクピット。逆台形のメーターパネル中央にあるのは電流計。その左上のつまみがウィンカーのスイッチ。ワイパーが左端の速度計と連動していたのは有名な話で、ワイパーの速さは車速に応じて変化し、さらにダイヤルを回して手動で動かすこともできた。速度計の目盛りは90km/hまで。

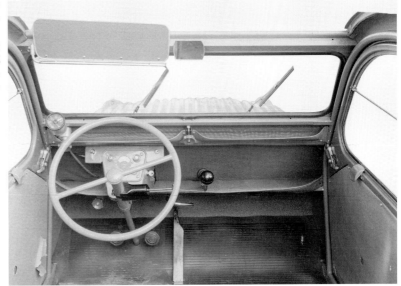

1968年型のAZL。ダッシュボードにトリム類が貼られるなどして少し洗練された。速度計はメーターパネルに付くようになった。目盛りは100km/hまで。ウィンカーレバーはステアリングコラム左手側に付いている。

1975年型の2CV6。ステアリングはAZAMなどに以前から付いていたタイプ。装備がまたデラックスになり、速度計は大きくなって、130km/hまで目盛られている。ドアには樹脂パネルが付き、把っ手がつくり込まれている。

1961年登場のアミ6。2CVと同じホイールベースの長さでトランク付きセダンとするため、特徴的なルーフ形状となった。

ダートコースで競い合う2CVクロス。大会は盛況で、ヨーロッパ各地で開催された。

た。若者が、値段の安い2CVに乗るのは当然のことでもあったが、ただ安いというだけでなく、若者は2CVから自由の精神を感じとった。1960年代は、反戦運動、学生運動の時代であり、ヒッピー文化の時代だったが、2CVはそういう文化にひたる彼らの共感を得たのだった。2CVは、さらにその後登場する言葉でいえば、スローライフの象徴のようなクルマだった。

■広告を担ったデルピールとRSCG

シトロエン社のPR部門も当時、そういう空気を感知して展開を始めた。潔癖主義のブーランジェが亡くなり、戦後の荒廃から復興してくると、シトロエン社は、戦前の伝統を復活させて、広告活動に積極的になった。

それをリードしたのは、DSの誕生する1955年頃に広告部長になった、クロード・ピュエシュだった。アートに精通する彼の采配でデルピール社が起用され、彼と親交のあったジャック・ヴォルジャンサンジェ（Wolgensinger）が新設された広報部門の部長に就任する。ピュエシュの背後には、ギリシャ語に長けるなど、文化的素養のあるピ

エール・ベルコ社長がいた。ベルコは先述のように戦時中にTPVのコスト計算をした人物で、1958年に社長に就任し、DSやSMの立役者だった。

ロベール・デルピールは、1950年代に「NEUF」という先進的アート雑誌を創刊し、アンドレ・ブルトン、ピカソ、ドワノー、ブレッソン、ブラッサイなどの作品を紹介して、フランス文化の先端を行く存在だった。1960年代に入ると、シトロエン社の広告制作を担当するようになり、シトロエン広告の黄金時代の一時期を築くことになる。デルピール社の手がけるシトロエンのPR冊子類は、クオリティの高いもので、ユニークかつ美しく、またユーモアがあり、文化的なものを感じさせた。2CVはカタログにおいて、その持ち味を強調するよう演出され、自由、開放的で癒しのある「2CV的世界」が、巧みに表現された。

そのいっぽう、2CVの悪路走破性を活かして、1950年代から、何組もの若者が2CVを使って世界各地を探険する旅に出るようになり、これが注目を集めた。シトロエン社はそれに呼応して、1957年に、2CVによる世界一周旅行の賞を設定した。

さらに1970年代に入ると、若者を募って、中央アジアやアフリカを舞台に走る長距離ラリーレイドを、何度か催した。これは、戦前にアンドレ・シトロエンが行なったハーフトラックの冒険の現代版ともいえ、2CVの資質とともにシトロエンの伝統をアピールする活動だった。このほかダートレースの2CVクロスも開催するが、こうした課外活動で、2CVの独特なキャラクターをより広めるのに貢献したのが、ジャーナリストの実績を持つ、広報部長のヴォルジャンサンジェだった。

1970年代半ばからは、広告制作はジャック・セゲラが担うことになる。セゲラは学生時代の1959年に、2CVで世界一周の冒険旅行をして上記の賞をもらったという経歴を持つ。週刊誌のレポーターなどをした後、1960年代後

1971年のパリ-ペルセポリス-パリ。2CV系モデルを所有する若者を募って開催された。前年のパリ-カブール-パリと同様の500台近い参加車両が選抜され、1万4000kmの行程に挑んだ。この写真では、参加クルーがクルマのボンネットを外して、整備の解説書を読んでいる。

半にデルピールで仕事をするようになるが、資本家のルーと出会って、自らの代理店を1970年に設立し、それがやがてRSCGへと発展する。シトロエンがPSA傘下に入ると、デルピールの仕事を引き継ぐことになり、当然シトロエン広告の作風は変わってくる。

セゲラは政治家とも交流のある大物的存在だった。1981年の大統領選ではミッテランの選挙を請け負い、セゲラのスローガンが採用されている。社会党だけでなく保守政党のジャック・シラクらとも交わりがあり、近年ではサルコジ大統領がモデルのカーラ・ブルーニと縁を結ぶのに一役買ったともいわれる。有名なヴィザのCMで、フランス海軍の空母や潜水艦を動員できたのは、セゲラが電話で直接ミッテランに頼んだからだといわれる。

セゲラ時代の2CVの広告は、陽気、活発で、以前よりさらに解放的な感じになった。デルピールよりセゲラはもっと現代的で、ハリウッド的な劇画調のイメージもあるが、それは時代の流れであり、エンターテインメントに長けた現代フランス文化の先駆的存在といえるかもしれない。

■石油危機で脚光を浴びる

2CVの派生モデルは多数がつくられたが、1968年に誕生したメアリは、まさに自由な時代の雰囲気のなかで生まれたモデルだった。当時はバギーのようなレジャービークルが世界的に流行しており、メアリは2CV本来の設計の特性を活かした現代版のようなモデルといえた。さらにまた、ブーランジェが持たせた2CVの資質は、かつてのフランスと同じというべき、発展途上国などで活かす道があった。必ずしも多くはなかったが、イランやチリ、ルーマニアなど各国で兄弟車が生産され、ジープのようなモデルも軍用車を含めて複数種つくられた。

フランスでも、2CVの存在価値は依然、健在であり続け、1973年に石油危機が起きると、燃費がよく、車両価

パリのオルネー・スー・ボアにあるコンセルヴァトワールには、シトロエンが過去につくった各種車両が保管されている。手前の迷彩車両は、メアリ4×4ベースの軍用車「A 4×4」。よく似た軽便車両「FAF」がポルトガルなどで製造された。その右に、ディアーヌ、アミ6、メアリと並んでいる。

角形でモダンなボディのディアーヌ。通常のハッチバック車のような構成。ボディサイドは彫りが深く、少し装飾的。

1980年代のチャールストン。当初は限定車だった。この頃の2CVは、テールランプなどがさらに現代的になっていた。

2CVの生産は1988年からポルトガルのマングアルデに移ったが、1990年7月27日をもって終了した。

多用途車ベルランゴをベースに1996年につくられたショーカーのベルランゴ・ビュル。2CVを彷彿とさせる。

格や維持費の安い2CVは再び脚光を浴びることになった。1966年に16.8万台の最高を記録したあと、1968年に6万台を割るまでに落ちた生産台数が再び回復し、1974年には最盛期とほぼ同じ16.3万台を記録した。実は1967年に、2CVの後継車としてディアーヌが投入されており、当初は2CVより多く生産されたのだが、同じメカニズムを流用して、豪華化しただけのディアーヌよりも、本来の持ち味がはっきりした2CVのほうが人々に買われた。結局ディアーヌのほうが先に、1984年に生産中止された。

ディアーヌは、シトロエンが1960年代に傘下に収めたパナールのデザイナーが関与したといわれており、2CVとは少し赴きが異なる雰囲気だった。エンジンは少し強化したものが積まれたが、全体の設計はほとんど同じで、車体は、2CVのライバル、ルノー4の登場を受けて、それと同様のテールゲートを備えるのが新しいことだった。2CVとは同じラインで製造可能で、需要に応じて台数の振り分けがなされたと思われる。

2CVは、1980年代に入ると、さすがに生産台数は落ち着いて、数々のユニークな限定生産車をリリースして、人気を保つことになった。シトロエンは既に1974年にプジョー傘下に入っており、1970年代には2CVのエンジンだけを使った、プジョー製車体をもつ新型車が投入されていたが、その後エンジンさえも2CVとは関係のないプジョー製のものを積んだモデルが投入されるようになる。1987年にはPSA時代に入った新生シトロエン肝いりの新型小型車として、AXが発売された。AXは開発当初は2CVの純粋な後継車とすることも検討されたが、現代の市場では2CVのモデルチェンジは無理ということで、低燃費化や軽量化に力を注ぎながらも、一般的なハッチバック車として完成された。2CVはその翌1988年に、生産をポルトガルに移され、ついに1990年に生産終了となる。その後、2CVの再現が、コンセプトカーなどでときに試みられており、近年またシトロエンの大衆車は、2CVのエスプリを受け継ごうとする傾向が少し目立つようにも見受けられる。

2007年発表のC-カクタス。現代の2CVを目指して、生産方式などに効率追求、環境重視の思想をとり入れた。

1998年のショーカー、C3リュミエール。「ヌーヴェル2CV」とあだ名され、2CV的な世界を再現しようとしていた。

2009年に発表されたショーカーのレヴォルト。プラグインハイブリッド車。2CVをモチーフにしている。

カタログ・写真でたどる
シトロエン2CVとその兄弟車たち

　40年あまり生産が続いた2CVのPR活動は、大きく3つの時代に分けられる。第一は、質素に徹した初期の時代、第二は1960年代初頭から1970年代半ばまでのデルピール社の時代、最後がRSCGのジャック・セゲラの時代である。第一の時代は、カタログそのものが多くなく貴重であるが、やはりなんといっても2CVの魅力を伝えているのは、デルピールとセゲラによる作品群である。

　どちらも2CVの独特なキャラクターに焦点をあてて、魅力を巧みにアピールしている。それぞれの時代を代表するクリエイターによる広告作品は、それ自体見ごたえがあり、2CVの歴史、伝説の一画を形成するものとなった。

　カタログを、時代を追って見ると、2CVの変遷がよく理解できる。2CV自体が改良され進化しているが、時代の変化とともに2CVのあり方が微妙に変わっている。そのいっぽう基本的には、戦前に意図された車両コンセプトのPRが変わらず受け継がれており、興味深い。

　カタログ、写真には、2CVを生み育んだフランスをはじめとする当時の風俗・文化も織り込まれている。それらは基本的に商品紹介が目的であり、制作の意図を推測することが商品＝2CVの理解につながるし、そこは「2CV」のおもしろさの重要部分であるはずなので、フランスにあまり興味ない人でも楽しめるよう、詳しく説明した。とくにデルピールは、広告の写真撮影においても著名な写真家を起用して、質の高いものを残しており、それらも多く掲載した。

● 2CV ●

Le démarrage à commande mécanique se manœuvre du siège du conducteur. Il ne nécessite pas d'accus qui coûtent cher, sont lourds et demandent de l'entretien.

Direction douce à crémaillère.
4 points seulement à graisser.
Toit découvrable.

．∵．

Son prix serait de : **185.000** francs, sur la base des salaires et des prix en août 1948.

Livraison : Courant 1949.
S'informer auprès des Concessionnaires et Agents
CITROËN

THÉO BRUGIÈRE - MALAKOFF-PARIS

LA 2 CV CITROËN
Traction Avant

C'est un moyen de transport pratique, confortable et de qualité pour tous ceux qui ont à se déplacer.

C'est une vraie voiture avec 4 vraies places et 4 portes.

Elle transporte 4 personnes et 50 kg de bagages à 60 km/h.

Elle est économique de fonctionnement et économique d'entretien.

Elle consomme, suivant la vitesse, de 4 à 5 litres d'essence aux 100 km.

1948年のパリ・サロンで2CVが発表されたときのパンフレット。二つ折の一枚の紙で全4頁になるもの。この右側が表紙、左側が裏表紙に相当。表紙には「2CVシトロエン」と書かれたうえ、筆記体で「トラクシオンアヴァン（前輪駆動の意）」とサブネームを付けている。「移動しなければならないすべての人にとって、便利で快適で優れた移動手段です」という文で始まっている。「4人と50kgの荷物を、60km/hで運びます」というのは、2CVの開発コンセプトとして後に有名になった文句のひとつ。燃費は4～5リッター/100km（20～25km/リッター）と謳っている。現状の予想価格として18万5000フランを掲げ、発売は1949年中としている。

Elle fait aisément 50 à 55 de moyenne sur routes faciles. En pays accidenté et à pleine charge, elle fait encore du 40 de moyenne.

Elle a grimpé à pleine charge, avec le réglage normal, les 22 km du parcours de la course de côte du Mont Ventoux (altitude 1912 m).

La suspension et les sièges réglables assurent une douceur de roulage comparable à celle des voitures les plus confortables.

Il y a un chauffage pour l'hiver - une aération pour l'été.

Les points essentiels, c'est-à-dire :
précision de la mécanique,
qualité de la fabrication et des matériaux,
tenue de route qui est celle de nos tractions AV,
freinage hydraulique sur les 4 roues,
sont dignes de la meilleure technique Citroën.

Le moteur est un 375 cm³ 2 cylindres 4 temps à refroidissement par air. Pas de soucis de radiateur qui gèle en hiver.

3 vitesses normales, plus une vitesse surmultipliée et une marche arrière.

La légèreté a été très étudiée : plus la voiture est légère, moins elle consomme d'essence et de pneus.

上の1948年のパンフレットの裏面で、2、3頁に相当。「よい道であれば余裕で50～55km/hの巡航速度を保てます。起伏の多い地域で、フル荷重でも、40km/h巡航が可能です」と書かれている。続けて、フランス南部にある有名な山、モン・ヴァントゥーのヒルクライムの22kmのコースを、ノーマル仕様車で、フル荷重で上った、とアピールしている。

1949年9月のパンフレット。価格は1948年の予告より約4万フラン上がって、22万8000フランになっている。裏表紙（左側の頁）の文字数が前年版より少なくなっているのは、スターターについての記述が減ったため。この1949年版では、「電気式スターター」とだけ書かれている。ちなみに1948年版では、「機械式スターターで、運転席から操作できます。これだと、高く付き、重く、整備が必要なバッテリーが不要です。」と書かれていた。ブーランジェが拒否していたスターターモーターが、完成直前に取り付けられることになったのは前半の「シトロエン2CVの歴史」で記したとおり。機械式スターターについて自慢げに書かれたカタログの「現物」が出まわったために、スターター変更の経緯を、雑誌その他、人々が興味をもって知ることになったかと思われる。

1949年のパンフレットは、前年のショーのときのものと比べて、文面はスターター部分以外は同じで、外観写真は2点替えられている。その結果1点はこのようにルーフを開けた状態の写真になった。

25頁と同じ、オリオール大統領を前に2CVのヴェールが剥がされた、1948年パリ・サロンの光景を描いたイラスト。大統領は困ったような顔をし、その後方の人物は口を開けてあっけにとられている。アラン・ル・フォルが2CVの歴史的シーンを数点のイラストにして綴ったリーフレット「Les Grandes Heures de la 2CV」の中のひとつ。シトロエン社の販促物として1967年に制作された。

1978年にガボン共和国で発行された切手。アンドレ・シトロエンの生誕100年にあたる。ガボンは1886年にフランス植民地となり、1960年に独立している。

1949年の広報写真。田舎のひなびた家に2CVに乗った訪問客が訪ねてきて、家族がそれを出迎えている、という風に見える。訪問客は、礼儀正しい身だしなみのようで、黒い帽子をかぶっているが、門の柱の陰に隠れるように"配置"されており、ぱっと見では田舎の家族と2CVだけが画面にあるように見える。こういう田舎の家族にこそ、今後2CVを所有してほしいという意図があるのかもしれない。

1952年型のフルゴネット2CV AU。フルゴネットは1950年のパリ・サロンで登場した。この頃の広報写真は、未舗装路でのものが多い。

トヨタ博物館所蔵の1953年型2CV。金属製パイプの骨組みに布を張ったシート。タータンチェックの柄は、1953年にフロントグリルのマークから楕円がなくなったときに採用された。ドア内張りも、ごくシンプル。

1950年代前半の広告物。グリルのマークに楕円が付くのは1953年まで。発売当初の頃の2CVは、カタログなどはあまり充実していなかった。「Joie de vivre！」とは「生きる喜び！」という意味。子供が多いとはいえ、7人も乗車しての撮影。戦後の復興期の頃で、ラテン的大家族主義のような明るさも感じられる。

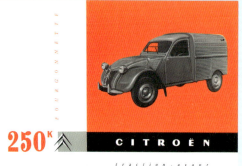

CAPACITÉ 1,88 m3

traction-avant

CARACTÉRISTIQUES GÉNÉRALES

250 kg. - Plancher plat et portes "armoire". Forme rationnelle : pas de place perdue. Consommation de moins de 6 litres aux 100 km à pleine charge. Entretien facile : 4 graisseurs. Moteur refroidissement à air, aucune précaution à prendre ni contre le gel, ni contre l'évaporation. Traditionnelle tenue de route des traction-avant. Freins puissants. Phares réglables en marche. Sièges très confortables. Chauffage et ventilation réglables.

CAPACITÉ , sobre, à toute épreuve

1958年8月発行の、フルゴネットのカタログ。カマボコ型の荷室部分は、基本はコルゲートボディだったが、左上の広報写真のように、サイドに窓が開けられているものもあった。この窓付きのモデルはベルギーでつくられた2CVウィークエンドと呼ばれるモデルで、取り外し可能な後席を備える。カタログは基本の閉じた状態の表紙が一番上で、左側3分の1をめくると荷室の真後からの絵柄が登場し（中央）、さらにそこから右側4分の3をめくると、観音開き式の後部ドアが半分開いて、荷室内が見える（一番下）という仕掛け。表紙に250Kと書かれているが、最大積載量250kgだった。

左頁のカタログの見開いた部分。左の8点の写真は、それぞれ職種ごとの使用場面を想定して撮影されたもの。ブーランジェの開発時代にターゲットユーザーの職種がさまざま想定されていたが、2CVは発売後も当初から、想定ユーザーをずらりと並べたような広告物がつくられており、このあともこのパターンが進化して、ひとつの定番と化していた。写真は、左の列が上から、パン屋、肉屋、魚屋、ポスター貼り。右の列は、電気屋-ラジオ技師、配管工、救急車、花屋。肉屋の写真では家畜をそのまま荷台に載せているのが目に付く。右に並んだイラストは、R.Dumoulinとサインがある。ほのぼのとしているが、美術大国だけあって、あか抜けている。これも、植木屋、ペンキ屋、ケーキ屋など、職種を表している。右下には、「非常に柔らかいサスペンションのため、手の込んだ梱包が不要です」とあり、「こわれもの」と書かれた荷箱が雲の上に載っているイラストが描かれている。

カタログの裏表紙。荷室の寸法などが示されている。型式はAZUで、エンジンは425cc。カタログ制作はまだデルピールが参加する前で、「Champrosay」と記されているのが確認できる。しかしこの頃から既にクリエイティブな趣向があった。

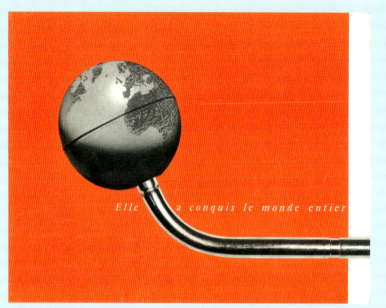

1958年7月のカタログ。左の表紙では、シフトレバーの握りが地球儀になっており、コピーは直訳すると「彼女は世界を征服した」。このカタログの裏表紙（42頁）にあるように、2CVが達成した一連の世界一周探険を受けてのもの。カタログは三つ折りで合計6頁ある。

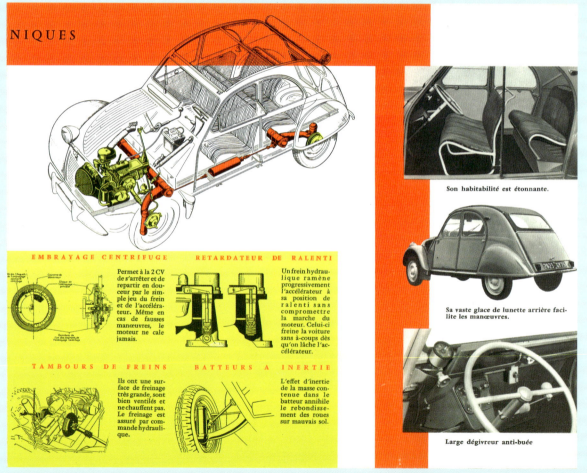

2CVのメカニズムを図示している。透視図ではエンジン・パワートレーン関係と、前後連動式のサスペンション機構がわかりやすく色分けされている。ただ、とくに説明文などはない。下の黄色地の部分の4点のイラストでは、遠心クラッチ、アクセルオフ時のエンジン回転の落ちを遅らせるキャブレターの機構、インボード式ドラムブレーキ、慣性ダンパーについて解説している。このキャブレターの機構はいわゆるダッシュポッドと呼ばれるもので、遠心クラッチ装備車に採用された。遠心クラッチは停車時や発進時にクラッチペダルを踏む必要がなく、エンストが心配な初心者を助けるものだった。右下のダッシュボードの写真は、幅広のデフロスターをアピールしている。

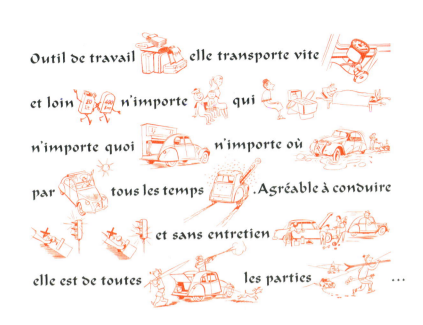

生き生きとしたイラストで、商品説明をしている。このカタログにもR.Dumoulinのサインが入っている。説明文前半では、速く、遠くへ、どんな人でも、どんなものでも、どこへでも、どんな天候でも運ぶ、と謳っている。2行目の"遠くへ"のところの、400kmの道標と20リッターのガソリンタンクが腕を組んでいるイラストは、20km/リッターを暗示しているように見える。運転が楽、と言っているところの5行目のイラストは、信号で停まったときにクラッチを踏む必要がないことを示したもので、クラッチペダルに×印がついている。

上の頁からの続き。ここでは、バカンスに理想的なクルマだと説明している。ボートを車内に積んで走るところ、ルーフをフルに開放したところ、外したシートでピクニックを楽しむところ、などのイラストが描かれている。上の頁と合わせて、ブーランジェ指導の開発当初から想定されていた、フランス庶民のための2CVのさまざまな使用用途が、まさに描かれているように感じられる。最後に「なんにでも役に立つ」と書かれている。

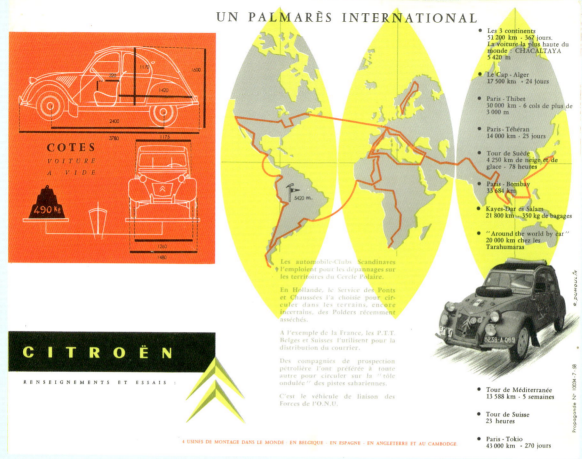

前頁のカタログの裏表紙。世界各地で達成された冒険旅行が地図で示され、右には冒険旅行のリストが書かれており、「パリ-ボンベイ、33684km」のような長距離だけでなく、「スイス1周、23時間」などもある。一番下には「パリ-東京43000km、270日」とある。文章では、「スカンジナビア自動車クラブが、北極圏地域のロードサービス用に採用」、「オランダの土木を担当する行政機関が、干拓したばかりの荒地を通行するために採用」、「フランスと同様に、ベルギーとスイスの郵政省が、郵便配達用として使用」、「石油探査の企業が、サハラ砂漠で波板を敷いた上を通行するのに最良の車両として重用」、「国連部隊の連絡用車両となっています」。

1959年7月の車載ラジオ「ラジオエン（RADIOËN）」のパンフレット。2CVをチェロに見立てたイラストが傑作。背景は楽譜の五線譜になっている。

同時期のクルマ本体カタログと同じイラストレーターによる説明。走行中はもちろん、出先でのピクニックなどのほか、家でも使えることを示している。右側頁の写真は車載状態のもので、ラジオはダッシュボードの棚に置かれている。

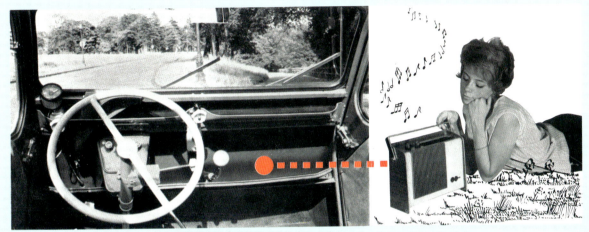

上の見開きの右側頁の右半分をめくると、ラジオを取り外した状態になり、単体で使用しているシーンの絵柄が出てくる。

CARACTÉRISTIQUES

Nombre de transistors : 7

Dimension du haut-parleur : 175 mm

2 gammes d'ondes (P.O. et G.O.) plus une station pré-sélectionnée

Antenne : bobinage d'antenne voiture complètement indépendant du cadre

Commutateur de tonalité musique-parole

Pile : 9 volts (durée approximative : 300 heures d'écoute à puissance moyenne)

Dimensions du poste : 275 × 100 × 210 mm

Poids du poste : 3 kg.

10 052-7-59 - Imp. ARTRA

9ボルトの電池で、約300時間の駆動時間とある。別の資料では電圧110ボルトの地域の電源が使えるともある。長波、中波の2バンド受信可能で、重さは3kg。ダブルシェヴロンのマークは上面にあり、右下の串ダンゴ型のマーク部分には「continental edison」の文字。同時期のDS19用にもラジオエンがあったが、そちらは固定式のようだった。

1959年頃の広報写真。ベルギーのフォレスト工場で組み立てられたモデル。ベルギー市場向けには、仏本国よりも豪華、上級に仕立てた仕様が用意され、仏本国モデルの進化を先どりして採用することが多かった。この写真は、ベルギーでこの頃導入されたリアクォーターに窓がある6ライトのモデルで、仏本国では1965年秋にようやく登場するもの。このグリルと6ライトの組み合せは仏本国にはない。そのほか前後フェンダー部分に付けられたクロームの飾りなどもオリジナル。

1959年付けの広報写真。AZ。子供をたくさん乗せた家族が、ルーフを開けた写真は、この頃いくつか撮られており、まさに戦後の復興・経済成長期の、フランスの国民車であったことを感じさせる。背景は今や世界遺産の象徴のような定番観光地になっている、モン・サンミッシェル。ここが道路であるという臨場感を出すために意図的に入れているのか、右側に映っているすれ違う後ろ姿のクルマは、他メーカーであるルノーのドフィーヌと思われる。右側の子供2人は、これもなにか意味があるのか、双子のように見える。

1954年のスイス市場のものと思われる広告。この年9月に425ccエンジンを積むAZが登場した。ここではより強力になったことと、遠心クラッチを装備していることを謳っている。下の文句は「快適性と使い勝手のよさは大きなクルマと同じ。経済性は周知のとおり《2CV》」とある。一番上には「いつも進化の最前線（アヴァンギャルド）にいるシトロエン」と書かれている。クルマのイラストは、2CVにしては少し精悍に見える。

当時の雑誌の2CV用社外品パーツの広告。各社合同の広告となっている。シート生地や、バンパー、ラジオ用アンテナ、フォグランプ、ショックアブソーバーなど。後部をトランクやテールゲート式に改装するメニューも見える。

1956年10月に登場したデラックス仕様であるAZL。クロームの飾りの線がボンネット中央のほか、ボディサイドのドアノブ高さのラインとサイドシル部にも細く入れられている。助手席側に、ラジオエン用のものと思われる立派なアンテナが立っている。これは1958年付けの広報写真で、カラーで撮られている。広大な平野を見下ろす高台で撮影され、中世建造物と思われる遺跡が見える。フランス各地でしばしば見られるような光景。

2CVサハラ、もしくは2CV 4×4と呼ばれる、4WD仕様の2CV。リアに後輪を駆動するエンジンをもう1基積む、前後ツインエンジンによる4WD方式を採用している。ここではこの上の2枚の写真のみ、1958年頃に製作されたプロトタイプモデル。テールランプ形状などが市販型と異なる。

2CVサハラは、元来は当時の仏領北アフリカの砂漠地帯を走行できる車両として開発されたが、ジャーナリストなどを対象にした試乗会がフランス国内で何度か催された。45%の斜面を登坂可能といわれた。

パリ近郊オルネーにあるコンセルヴァトワールに保存される2CV4×4サハラ。リアフェンダーのカバーが切り欠かれているのがわかる。フロントドア下部に開いている給油口は、前席下に置かれる"フロントエンジン用"の燃料タンクへのもの。

2CVサハラは、当時進んでいたアルジェリアのサハラ砂漠の油田開発での使用を目論んでいた。しかしまさに2CVサハラが開発されていた1950年代後半に、アルジェリアは独立解放運動が激化し、1962年にフランスから独立した。2CVサハラは1958年にプロトタイプが発表され、1960年から市販されたが、66年までの間に700台弱が生産されただけだった。価格は通常の2CVの2倍程度だった。

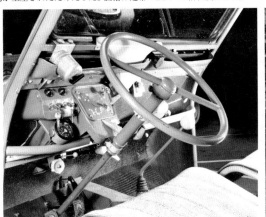

前後エンジンは連結されておらず、前部エンジンだけによる前輪駆動か、場合によっては後部エンジンだけを回して後輪駆動として走行することも可能。ダッシュボードにイグニッションキーが2つささっているのが見える。

L'AUTOMOBILE

N° 166 · FÉVRIER 1960 · REVUE MENSUELLE · BELGIQUE 21 F.B. · SUISSE 2,15 F.S. · ITALIE 350 L. · N.F.1,50

LE TOUR DU MONDE en 2 CV.

les Diesels Touristes

à la recherche du pont de la rivière Kwaï

雑誌「L'AUTOMOBILE」1960年2月号の表紙。ジャン-クロード・ボドとジャック・セゲラの2人の学生による2CVの世界一周旅行の記事が掲載された。ジャック・セゲラは1970〜80年代に広告代理店RSCGのリーダーの一人として、シトロエンの広告を担当することになる。2トーンカラーに塗られたこの車両は、ナンバープレートは異なるが、同型のものが50頁のカタログ用写真に使われている。冒険は5大陸、50カ国、10万kmを走破するもので、日本にも寄り、1959年11月に帰還した。この表紙のキャプションには「クワイ川の橋を探索中」とある。

1961年の広報写真。AZL。「草上の昼食」は画家マネの作品など、フランスで好まれてきた題材。自動車で行ってピクニックをすることは、20世紀初頭には富裕層の特権だったが、戦後のモータリゼーション普及により大衆化した。2CVは、もって生まれた資質に加えて、前後席取り外し可能のコンセプトによって「草上の昼食」が得意科目となり、1950年代から広報写真が制作された。日本でRVブームが起こるのは1990年代だが、バカンスの先進国フランスではかなり早くブームが起きたともいえ、2CVはそこでアピールできた。この写真はもう何度目かの焼き直しの企画だからか、比較的あっさりした演出に見える。ピクニックを象徴するバスケットは後方に置かれて目立たず、食べものはバゲット（フランスパン）単体などが申し訳程度に置かれている。これから食事が始まるというシーン設定のようだが、父親が開栓（の動作を）しているワインはラベルが裏にされている。母親が女の子に注いでいるミネラルウォーターらしきものは、おそらく空き瓶。右手前にはラジオエンが置かれている。

やはり1961年付けの広報写真。AZL。これもピクニック。TPV開発時のブーランジェの文書にあったごとく、父親が釣りを楽しんでいる。母親が座っているのは後席で、前席は車体に載っている。

デルピール時代の始まり。アート関連の出版社を運営していたロベール・デルピールは、1960年に写真家アンリ・カルティエ・ブレッソンに工場を撮らせてほしいとシトロエン社を訪問し、その縁から広告を任されるようになった。最初の仕事が広報紙「Le Double Chevron」(ダブルシェヴロン)で、1961年に「自由(Liberté)」を表題にした32頁という厚さの2CVのカタログを初めて制作。数年間、いくつかの版があるようだが、この頁の写真はその自由を謳歌するカタログに使われたもの。上の写真のクルマは48頁掲載のジャック・セゲラの世界一周冒険旅行で使われたもので、人物もセゲラ本人。

シートが外された車内で人が寝転び、車外ではそのシートでピクニックが行なわれている。それを俯瞰で撮ったのがユニークで、いかにも楽しげに演出されている。自由を謳歌するカタログは、どのカットも2CVの自由で解放的な持ち味と、それを支える装備類を巧みに説明するものだった。

絵的なおもしろさのあるアンティーク用品を使って、大道具も運べる2CVの積載能力をアピールしている。「自由」のカタログのコピーを担当したのは、1957年にシトロエンに入社し、広報部門の責任者として2CVの時代を率いたジャック・ヴォルジャンサンジェ。

座席やドアまで外して、洗車も大胆にできるという、2CVのSUV的な便利さを示している。

この写真が使われたカタログではおばあちゃんのコメントとして、「安楽椅子に座っているようね。お医者さんは、乗り心地が良いからと、2CVをすすめたのよ」と書かれていた。

Throughout the world more than **a million drivers** have chosen the 2 CV Citroën because it is **the only** car to offer the following 4 basic qualities. These four reasons for buying it will lead you to discover others.

SAFE

Road holding is famous. It has front-wheel drive. This technique which Citroën has continually improved since 1934 gives 30 years of experience which other manufacturers will find difficult to catch up with.
This is the only car which can be driven anywhere. Inertia dampers and independent suspension on all four wheels through interacting longitudinal suspension units, stop bouncing on rough roads. The balanced distribution of weight as well as power-weight ratio give astounding adhesion. Mud, sand, snow or ice, the 2 CV car can go anywhere.
It has the braking power of a bus. Inboard front brakes which never overheat since they are separated from the wheels for better ventilation.
The average cruising speed is nearly top speed. Because of the extraordinary road holding you will arrive at your destination at the same time as the others but without risks and without fatigue.

PRACTICAL

Easy to handle. Driving is simple and natural. It is easy to handle and easy to park because the overall dimensions are small. All four speeds are synchronised and equally stepped. The engine never stalls and the centrifugal clutch enables you to manœuvre easily in traffic jams without touching the clutch pedal.
Completely convertible. You can sunbathe while driving. This is the only car to offer you this advantage without paying extra.
Comfort cancels fatigue. You have enough room everywhere, in width, length and height. There is head-room and leg room in the front as well as in the rear. It has a flat floor, ample access, unequalled gentle suspension, effective air conditioning (adjustable heater and defroster, a ventilator at the base of the windscreen and side window panels which open wide). The supple seats are removable. They make ideal chairs for picnics or camping.
Anything can be carried. Fragile or large, this car will take loads which standard vehicles refuse. The large boot seems to grow in all directions. The boot door, canvas hood and rear seat can be removed in a few seconds to make room for the most difficult parcels.

ECONOMICAL

Petrol consumption is low. Giving more than 50 miles per gallon. This is the cheapest car in the world to run and much more enjoyable and comfortable than public transport.
Very little maintenance is required. No antifreeze needed and it is easy to grease (four greasing points in all, and a crankcase that needs only 4 pints of oil) it is easy to wash and the stain resistant canvas top and rubber floor covering can be hosed down without risk.
Small cost for repairs. All parts of the engine are accessible. Parts of the body can be easily removed and replaced. Spare parts are inexpensive.
Price does not drop in the used car market. When you sell, you will once more « make a good deal ». The 2 CV is not only a car, it is also a good investment.

STURDY

It is impervious to whims of weather. Thanks to air-cooling, no problems arise in either cold or heat. This car can stay out of doors all year long.
The design is original. Numerous ingenious solutions take all worry from the driver. Protected and cased, the suspension springs cannot rust, an idling delay device avoids waste of petrol, you will have no cylinder-head gasket difficulties as precision manufacturing has enabled us to eliminate it. A simplified distribution of ignition avoids ignition breakdowns. A breather prevents any leaking of the crank case.
Precision engineering. To build the 2 CV, costly techniques and expensive materials are used : pressure moulding of aluminium alloys, connecting-rods made in one piece a crank-shaft assembled in liquid nitrogen, a perfectly synchronised 4-speed gearbox, a centrifugal clutch control, a separate oil cooler.
Everlasting. The 2 CV's that have been driven 100,000 miles can no longer be counted. Thanks to « positive » synchronising, the gears always work smoothly. Thanks to valves cooled by an oil circuit, the motor can give its maximum performance indefinitely. The 2 CV never burns its valves.

In the past few years, the 2 CV has conquered the world. It now is a truly international car and has proved itself under all conditions in every corner of the globe. But it still does not rest on its laurels and this year, as always, it has been improved. It has a New Look, extended range of **new colours**, improved dampening of the **suspension**, new bumpers and **increased speed, 59 m.p.h.**
All these improvements make the « new » model, ready for new successes.

technical data **Engine** 4 stroke – opposed flat twin removable sleeve cylinders – air-cooled. Cubic capacity 425 cm³. Bore and stroke 66 mm X 62 mm. Compression ratio 7.5 to 1. Solex 28 CBI carburetor (idling delay device incorporated for centrifugal clutch control). OHV hemispherical cylinder heads. Oil radiator. B.H.P. 18 at 5,000 r.p.m. Torque 20.6 ft.lbs at 3,000 r.p.m. **Gearbox** 4 synchronised speeds and reverse. **Steering** Rack and pinion type. **Brakes** Lockheed hydraulic on 4 wheels. Front drums inboard fitted to differential. Friction lining area : 386 cm² (59 sq in.) **Transmission** Front wheel drive. Ratio 8 X 29. **Clutch** : single dry plate type (centrifugal clutch control) (optional). **Suspension** : Interconnexion of front and rear wheels, 4 suspension coil springs, 4 anti bounce buffers, 4 independent wheels each controlled by friction type shock absorbers and inertia dampers. **Chassis** : Platform consisting of sidemembers reinforced with crossmembers and floor. **Tyres** 125 X 380 « X ». **Electrical** 6 volt 46/54 ampere-hour battery. Headlights adjustable while driving. Horn and headlight single control lever behind steering wheel. **Capacities** Fuel tank : 20 liters (4.4 gallons). Engine oil : 2 liters (4 pints) Gearbox oil : 1 liter (2 pints). **Consumption** 47,50 m.p.g. according to use. **Weight** In running order 610 kg (1.124 lbs) With load : 860 kg (1.896 lbs) **Top speed on level ground** 59 m.p.h. (95 km per hour).

**Improvements :
increased speed, new bumpers and new colours**

1963年7月のカタログ。英語版。これもデルピール制作で、高級バッグのモノグラムのように2CVを並べたところに、デザイン性が感じられる。中身を見ると、「安全」、「実用的」、「経済的」、「丈夫」の4項目に分けて、テキスト中心で説明されている。

1964年7月のカタログ。これもデルピール。2CVのシルエット形状のパンフレット。6連で、その表裏で12面ある。厚紙を使ったしっかりしたもので、色使いや、文字の字体などを見ても、いかにも当時の一流どころのグラフィックデザインのように感じられる。一枚に一項目の記事も、こういった販促物にしては意外に本格的な内容で、技術的なことも記されている。上から3列目のタイトルに「30」の文字が見える項目は、30年前から前輪駆動を採用したシトロエンの優位性を客観的に説明しており、別の項目では、高価格車でないクルマとして異例なことに、真のデカポタブル（オープンモデル）であると言っている。そのほか空冷エンジンの優位性なども解説している。やはり3列目の「OR」の文字が見える項目では「黄金のエンジン」というタイトルで、2CVのエンジンの非凡なつくりを解説。広範囲に軽合金を採用していることや、クランクシャフト（とコンロッド）の成型を、液体窒素を使って超低温で行なっていること、工作精度が高く、ときにはミクロン単位のオーダーで管理していることなどを説明し、ぜいたくな機械的設計で、非凡な丈夫さをものにしたと言っている。「95」の数字も見えるが、1963年2月に最高速95km/hに性能向上している。

citroën 2 CV AZM3

la 2 CV AZM3

a des caractéristiques techniques identiques à celles du véhicule de série. Elle bénéficie donc comme toutes les 2 CV 63 d'une vitesse accrue (95 km/h). Dans ce nouveau type de 2 CV, la «finition» a été plus particulièrement étudiée et l'on a cherché d'autre part à augmenter encore le nombre des détails pratiques et le célèbre confort de cette voiture.

Equipement luxe
La 2CV AZM3 possède des glaces de custode, un enjoliveur central de capot, l'encadrement des glaces de portes AR, de custode, de pare-brise et de lunette AR est constitué d'un profil synthétique chromé. Les collerettes de phares, l'encadrement des glaces avant, les balais d'essuie-glace électrique sont en métal inoxydable poli. La 2 CV AZM3 est dotée d'un élégant volant en matière plastique.

Encore plus confortable
La 2CV AZM3 possède des sièges cousus façon sellier sur un matelas de mousse synthétique épaisse. La banquette AV montée sur glissières est réglable en marche.

Encore plus pratique
La 2CV AZM3 est équipée d'un lave-glace, d'un plafonnier à interrupteur intégré commandé par l'ouverture de la porte AV gauche, de 2 pare-soleil, de poignées intérieures et extérieures de type nouveau, d'un porte-paquets situé à l'AR sous la lunette, de pare-chocs renforcés avec butoirs en tube d'acier inoxydable, de feux latéraux de stationnement, du chauffage, dégivrage et désembuage.

1963年6月のカタログ。この年の3月に登場した2CV AZAMと同じモデルと思われるが、AZM3と書かれており、ベルギー生産モデルであるらしく、仏本国では未発売の6ライト窓配置の車体となっている。Printed in France by Delpireと印刷されており、ベルギーの公用語フランス語が使われているが、ここに掲載したカタログはブリュッセルのシトロエン・パナール販売店のスタンプが押されている。表紙右下の車両正面写真は、実際には下のカラー広報写真（仏本国仕様のAZAM）のナンバープレート部を修正したものと思われる。そのためよく見ると車内のCピラー部分に窓がない。

AZAMの1964年とされるカラー広報写真。AZAMとは、本来はAZのAMタイプを意味し、AMはaméliorée（改良）の頭文字。実際には2CVのデラックス仕様といえる。シートは2CVとしてはかなり豪華になり、厚いスポンジのクッションと書かれている。前席は前後にスライド可能。AZAMは通常のAZと比べて、外装各所にはメッキパーツがおごられ、ボンネット中央のクロームラインと、前後バンパーのオーバーライダーが目立つ。

左頁と同じベルギー向けAZM3のカタログの裏表紙。このリアビューは仏本国のAZAMとは異なるもので、給油口がボディ同色でないほか、本国仕様にはあるCピラー部のウィンカーが見えておらず、ナンバープレート部がボディ同色になっている。

AZAMの室内の広報写真。内装は豪華なシートが目立つほか、ダッシュボードの棚もソフトな布で覆われている。2CVは1960年のボンネットとグリルの改変に続いて、内装も1962年9月グレードアップされ、ドライバー正面のメーターナセルというべき部分に、スピードメーターなどの計器類が付いた。同じ写真を使っていると思しき左頁のベルギー向けカタログの解説は、こういった仕様について詳しく書かれており、「プラスチック素材のエレガントなハンドル」などの文も見える。当時はプラスチックが、わざわざアピールするものであったことがわかる。このステアリングホイールはQuillery製。

1965年モデルのカタログ。アミ6とアミ6ブレークも掲載され、車両の真横、正面、背面の写真で構成される。2CVはAZLとAZAMのほか、AZ ENACというテールゲート付きモデルが載っている。AZAMはドアを外して車内を見せるのが定番的で、アミ6と同じタイプのシートだと説明している。

1964年の広報写真。デルピール時代の広報写真は、手前に人物や物を大きく入れて、背景に小さくクルマを映す、という構図が多かった。この写真は、修道女が廃れた建物の戸口からクルマを振り返り見るという、あたかも当時のサスペンス仕立ての映画のワンシーンのような演出。地面に白く雪が積もっているなど、情緒ある写真作品らしく仕上がっている。クルマはAZAMで、グリルには過冷却防止のシートが装着されている。

イタリアを舞台にした1964年の広報写真。書籍の市に集まった学生、という設定のよう。グレーのジャケット姿で由緒正しき感じの大学生を、2CVのユーザーとしてとらえている。とはいえ左端の青年や、右側の女性二人などは、若干大衆的な感じで、2CVにふさわしい当時の若者文化の雰囲気が出ている。ボンネット上に身をのり出して脚を組む男子学生や、フェンダーの上にのっかる女子学生のポーズなど、生き生きとした写真になっている。その重さで2CVのフロントサスペンションが沈み込んでいる。フロントフェンダーには仏本国のこの時代にはない丸型ウィンカーが付いている。

1965年に発行された、ダブルシェヴロン誌第3号の表紙。デルピールが制作。これも写真の構図が凝っていて、幾何学的なバランスを考えたようになっている。雪深い道を走れるアピールもあると思われる。

1965年12月の英語カタログ。1966年モデルと記述がある。郵便配達、福祉事業スタッフ、医師、神父、学生、上流社会の婦人、陶芸家、電気技師、獣医、学校教師、森林管理人という、11人のポートレートと、彼らの2CVに対するコメントが22頁にわたって掲載され、最後の4頁で商品説明とスペックが記載されている。ブーランジェがTPVを開発していた時代から、想定ユーザーが列記されていたが、その伝統がここでも継承されている感じ。デルピール制作のこのカタログでは、写真も文章もやはり文芸作品的香りが漂う。サングラスの神父などは、いかにも前衛芸術を扱ってきた制作者の感性が出たように思える。「私の2CVは、教区の人々を皆知っているし、人々は皆『神父さんの2CV』を知っています。2CVで私は教区の村を回り、ミサをするために2つの教会に行き、若者や老人を訪問し、教理についての授業に通い、司教を表敬訪問し、そして私の家のストーブの薪を運びます。カトリックの詩人フランシス・ジャムは、かつて、ロバにも天国の一画が与えられるように、という祈りを書きましたが、祈りはこうも書かれるべきだと私は思うのです。神は、2CVが自動車の天国へ行くことを許し給う、と」。

1966年の広報写真。チュニジア旅行というテーマでつくられたカタログに使われた写真。クルマはAZAM。地中海地方で古代からつくられているアンフォラと呼ばれる壷をつくる窯を訪ねたようで、その壷を満載して車両積載能力をうまくアピールしている。地中海の陽光の明るさが印象的。

1966年のダブルシェヴロン誌第4号表紙。これも前景の後ろに車両を置くという手法で撮られている。

1966年と思われる広報写真。1965年9月に2CVは大きな改変を受け、リアクォーターウィンドウが追加された（AZL=AZAとAZAM）。この写真はその部分を意識して撮ったものかとも思える。しかし写真のテーマは、スーパーマーケットでの買い物に違いない。2CVの広告物にしては珍しく上品にハイヒールなどを履いたマダムが主役だが、ワゴンと紙袋などからして、高級店ではなくスーパーでの買い物と思われる。北米で第2次大戦前に誕生した郊外型の大型スーパーマーケットが、1960年代半ばにフランスでも普及し始めた。その端緒は1963年のカルフールのパリ郊外店だともいわれる。この写真の頃、今やフランス各地に普及している大手スーパーの出店が相次いでおり、クルマに乗ってスーパーで買い出しするのが、当時最新のライフスタイルだったと見受けられる。ワゴンのかごの中にケロッグのシリアルの「SMACKS」が見えているのが、2CVらしく庶民的。

the 2 cvs?

The 2 CVs? Why a plural title for this brochure? Everyone knows the 2 CV for, according to the new adage, everyone owns, has owned or will own a 2 CV. However there are three models of 2 CV. Although the 2 CV is essentially an all purpose car it has been "personalized" to suit its owner. It may be the AZL, the basic model, or the more refined AZAM model or the ENAC which is an estate car as well as being a 2 CV! They all claim kinship with their illustrious ancestor: being geniune 2 CVs, they naturally have front wheel drive, and they still benefit from that famous inertia damper suspension, and, of course, an aircooled engine. Different but always constant, immutable yet ever changing, should we say it or they? Either would be correct..

1966年9月発行の、1967年モデルの英語カタログ。Delpire Publicitéの制作で、イラストはフィリップ・ハートレイとある。この見開きではタイトルは「the 2CVs?」と複数形になっているが、その理由はAZL、AZAM、ENACと、複数のモデルがあるからだと言っている。「2CVは元来、多目的車ですが、オーナーに合うよう、パーソナライズされてきたのです」。

the most practical? the 2 cv!

このカタログでは2CVのアピールポイントが、イラスト付きで合計15項目示されている。この頁は実用性について。それぞれのイラストの項目を見ていくと、柱時計：「どんなものでも積める」、乳母車：「室内が極めて快適」、太陽：「高級車と同じようにルーフを開放できる」、自転車：「自転車のように運転が簡単」という感じで、各項目で特長を説明している。

the safest? the 2 cv!

ここは安全性について。矢：「最高速度が巡航速度。走行安定性が優れている」、象：「トラックのブレーキを備える。インボードブレーキなので冷却が優れる」、戦車：「悪路走破性に優れたサスペンション」、的の中心に矢：「路面に張り付く。シトロエンが先鞭を付けた前輪駆動の優位性。(they stick to the road とあるが、stickは「刺さる」と「粘着する」の両方の意があり、イラストの"矢"は先端が吸盤になっており、ロードホールディングの良さを表現しているかと思われる）」。

60

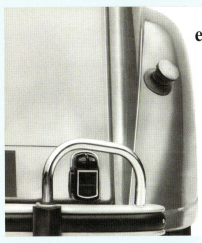

ここは経済性について。ガスライター：「燃費が最高」、クモの巣のはった工具箱：「メンテ不要。不凍液は必要なし、グリースポイントは4カ所のみ、オイル量はわずか3.5パイント、洗車も楽」、財布に鍵：「補修が安価で容易」、キャッシュレジスター：「リセールバリューが良い」。どれもウィットに富んでいる。

ここは耐久性について。雪の結晶と太陽：「空冷なのでコンディションに左右されない」、ウインクする2CV：「優れて賢明な設計。故障知らずのシンプルなイグニッションシステム、工作精度が高くシリンダーガスケットが不要……」、老人が運転：「20万マイルを超える走行距離の2CVは数知れない。シンクロ付きギアボックスやオイルクーラーがそれに貢献」。

「AZは2CVです」、「AZAMは2CVデラックスです」、「AZ ENACは2CVワゴンです」というコピーで、3グレードを説明。AZこそが本来の2CVと解説している。ただしAZの説明はとくになく、AZの項目でも、あとの2車の説明がほとんど。AZAMはごく単純に、改良された2CVだと言っている。充実した装備類について説明し、定評ある2CVの快適性をさらにもっと向上させたとも言っている。AZ ENACは、だんだんとハッチバック車がフランスで普及し始めている動向の中でつくられたもので、1961年には、ほかでもない2CVを研究して開発された世界初のハッチバックFF大衆車、ルノー4が登場している。ハッチバック方式は、1967年に登場するディアーヌにも採用される。

1967年のダブルシェヴロン誌第9号。南仏の漁師町を舞台にした、ブリジッド・バルドーの衝撃作といわれた「素直な悪女」が撮られたのは1956年のことだったが、1960年代にもなると、南仏辺りの海岸で、解放的なシーンが撮られるのはふつうになった。この表紙などはそんなものと同時代性を感じさせる。これもクルマを遠景に小さく入れるという画面構成の典型的なもの。

これも同じ時代の雰囲気の広報写真。クルマはAZAMのようにも見えるが、メーカーでは1967年のエクスポールとしている。

両方とも2CVエクスポールの1967年の広報写真。エクスポールはこの年4月に登場したモデルで、AZAMが改名されたもの。1965年9月以来、2CVは新グリルを採用していたが、エクスポールは内外装に若干の変更を加え、フロントフェンダー前部に角型ウィンカーが付き、オプションでサイドミラーが初めて付くようになった。しかしディアーヌの登場をうけて、エクスポールは1967年途中でカタログから消滅。AZも消えて、2CVはAZLとそのハッチバック版のENACだけのラインナップになる。この写真は、2枚ともドイツ・ナンバーのようであり、開放感を謳ってはいるものの、モデルの雰囲気などが少し都会的で、フランスのものとは若干違う。

これも2CVエクスポールの1967年の広報写真。木漏れ日の森の中、ルーフが開いているので、親子3人が乗る室内が明るい。

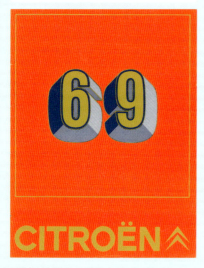

1968年10月発行の1969年モデルの総合カタログ。2CVの乗用モデルは、前年以来AZLのみになっている。フルゴネットは2種あり、AZUはディアーヌ4、AKはディアーヌ6と機関を共用するので、ともに435ccエンジンになる。AKは荷室部分の全長が20cm長い。フルゴネット両モデルのフロントドア前部に、たとえばAZUでは「P.V.520、P.T.C.870」と書かれているが、「P.V.」は空車時の車両重量、「P.T.C.」は積載総重量のこと。ただAZUでは、下に書かれているスペック表となぜか数値が異なる。AZU、AZともピックアップ、バンが選択可能。バンは後席が付き、4人乗り。

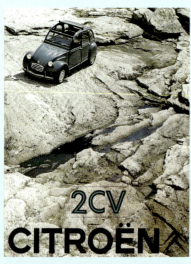

1969年8月発行の2CVカタログ。ドイツ語版であるが、デルピール制作。AZLなどモデル名の表記は見あたらない。

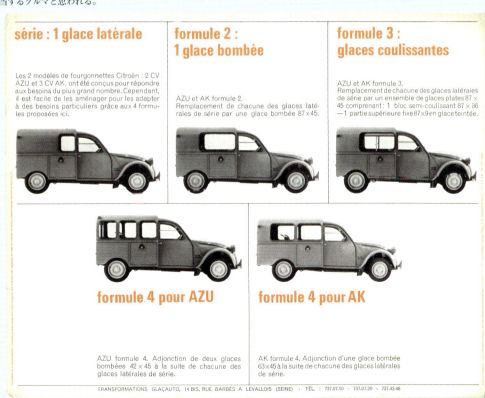

1969年頃のAZU/AK改装仕様のカタログ。下の裏表紙には、シトロエン発行でデルピール製作とも印刷されているが、顧客向けの問い合わせ先の情報として、TRANSFORMATION GLACAUTOと書かれている。その住所のLEVALLOIS（ルヴァロワ）は、2CVのメイン工場があったパリ西部の工業地域。このカタログの表紙を見るかぎり、ファミリー向けの乗用モデルとして売られているようであり、現在のシトロエンでいえばベルランゴ、ルノーでいえばカングーに相当するクルマと思われる。

改装は、後部座席用の窓を大きくするもので、4種ある。左上はノーマル車（ショートボディのAZU）。その右のformule2は、はめこみ窓が大型化されており、formule3はさらにそれがスライドドア化されている。下のformule4は、ノーマルと同じ窓をAZUでは2個、AZでは1個追加している。

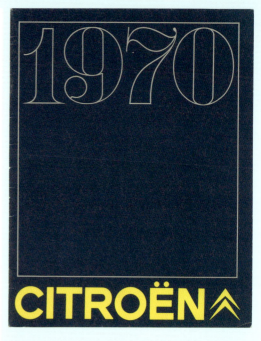

2CV

Traction avant
Moteur : 2 cylindres opposés à plat — 425 cm³ — 18 ch SAE à 5.000 tr/mn. Refroidissement à air (pas de radiateur, pas de joint de culasse, pas de pompe à eau, pas de durite).
Boîte de vitesses : 4 vitesses avant synchronisées + marche arrière.
Direction à crémaillère.
Freins : hydrauliques sur les 4 roues — tambours avant largement dimensionnés en sortie de boîte.
Suspension à interaction + 2 amortisseurs hydrauliques à l'arrière.

Embrayage normal ou centrifuge.
Consommation : 5 l au 100 km.
Carrosserie à éléments amovibles démontables.
Visibilité accrue par une 3ᵉ glace sur le panneau de custode.
En option : joints homocinétiques, Sièges AV séparés, Embrayage centrifuge, Lave-glace.

Mais à l'arrière : grande porte hayon grand plancher de chargement totalement utilisable.
Roue de secours placée sous le capot moteur.
Banquette AR repliable sans effort vers l'avant qui dégage un volume utile de 1,25 m³. (embrayage normal ou centrifuge).
Cette voiture est portée comme commerciale sur le procès verbal des Mines, elle est exonérée de la taxe annuelle de 1000 F sur les voitures de sociétés.

AZL énac : le break 2 CV
Mêmes caractéristiques mécaniques que la 2 CV berline.

1970年モデルのシトロエン総合カタログ。トラックまで掲載されているが、デルピール制作で、写真の撮り方は典型的なもの。2CVの写真は、商品の手前にこれだけロープやワイヤが横切るのは大胆。細心の注意を払って構図を決定しているように見える。船体の文字が「2CV」のごとく見えるのは、意識してのことだろうか。型式名はとくに記述はないが、AZLと思われる。ハッチバック仕様のENACのリアビューも載せている。

AZU

AZU — AK — 4 places

Mêmes caractéristiques mécaniques que la DYANE 4 (y compris 2 amortisseurs hydrauliques à l'arrière) mais joints homocinétiques de série.
Excellente visibilité, grandes glaces arrière et latérales.

La plus économique des fourgonnettes (pneus-essence), les pièces détachées les moins chères. Les temps de main-d'œuvre, et donc d'immobilisation, les plus réduits.

Poids total en charge : 880 kg
Poids à vide : 535 kg
Charge totale : 345 kg (y compris le conducteur).
Volume utile de la caisse : 1,88 m³.
Option pour AZU : Hayon arrière permettant une plus grande accessibilité. Antivol.

AK

Conception analogue à la fourgonnette 2 CV, mais l'AK est :
Caractéristiques : Poids total en charge : 1055 kg
Poids à vide : 610 kg
Charge totale : 445 kg (y compris le conducteur).
Volume utile de la caisse : 2,10 m³.

Plus puissante : mécanique de la DYANE 6 dont elle possède le moteur, les transmissions, le freinage et les 4 amortisseurs hydrauliques.

Plus spacieuse : caisse de l'AZU rallongée de 20 cm.
2 glaces bombées laissant une grande visibilité.
Option : Pick-up sur AK.

AZU — AK — 4 places : 4 places confortables — banquette arrière repliable et amovible — 2 glaces bombées laissant une grande visibilité.
Rehaussement de 25 cm et hayon arrière relevable permettant une plus grande accessibilité, AK rehaussée.
Poids total en charge : 1055 kg
Charge utile : 345 kg + conducteur.
Hauteur intérieure 1,30 m
Volume utile : 2,10 m³.

同じカタログ。左がAZU、右がAK。AZUの写真では、キャビンのルーフ部分にプレスの凹凸があるのが見える。背後に写っている後ろ向きのバンはシトロエンHトラックのようで、さらに奥の目立つオレンジ色のクルマは2CVフルゴネットのようだが、それ以外には、ルノー製トラックやフォルクスワーゲン・トランスポーターとおぼしき車両も写っている。ほかの広報写真でも、臨場感を出すためなのか、背景に他メーカーのクルマを車種がわからないような形で画面に入れていることが多い。人物はこの2点の写真では、同じ服装のまま登場している。

1970年の広報写真。2CVは1970年2月に、再びラインナップが強化されて2CV4と2CV6の2つになった。2CV4は従来のAZLを受け継ぐもので、エンジンは435ccになった。2CV6は602ccを積む。5月には2CV4、6とも、写真のクルマのようにフロントフェンダー部のウィンカーが丸く、埋め込み式のものに拡大された。海岸で女性がポーズをとっており、1970年代的な雰囲気になってきた。ルーフのキャンバスの色がしゃれている。

1970年の広報写真で、これは2CV6とされている。602ccエンジンの走りをアピールしているかとも思われる。

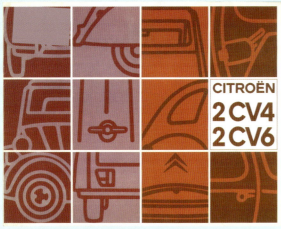

1970年7月の2CV4／2CV6のカタログ。制作はDELPIRE ADVICO。表紙は2CVの各部分をグラフィック化したイラストを、モザイク状に並べたデザイン。どの部分なのか、にわかにはわからないものもある。右は、ドアを開けて、内張りが見えているカット。

1970年9月発行の仏語総合カタログ（パンフレット）。これもDELPIRE ADVICOとある。2CVと同じメカニズムのベーシックモデル各車のほか、当時シトロエンが提携していたフィアット・グループのアウトビアンキのモデルも掲載されている。2CVの項目では「フランス車で最も安価なクルマ」と書かれている。2CV4は435cc、26ps、102km/h、2CV6は602cc、33ps、110km/h以上とあり、価格は6640フラン／7180フランとあるが、隣のディアーヌ／ディアーヌ6は7220フラン／7980フランであり、2CV6とディアーヌはほとんど価格差がない。

1971年8月発行の2CVカタログ。ADVICO DELPIRE制作。イラストや写真のコラージュによって、2CVのヒストリーが展開されている。アラン・ル・フォルの一連のイラスト（35頁参照）も使用されている。画面中央の黄色いクルマは、125頁の1966年の探険のもので、バックはコスタリカの火山の噴煙。

この画面は、上の画面と4連で続いている。切手はフランス共和国のもので「切手の日、1958年」と書かれている。この次の頁では、文章で2CVの歴史が書かれている。そのタイトルは「雨傘の下の4つのタイヤ」で、「2CVの歴史は1936年に始まる……」、「1939年に250台のプロトタイプが極秘裏に製作された」、「戦争が始まり、シトロエン工場のガレージに隠された1台を除いて、すべて破壊された」などと書かれている。このあたりは、その後新たにTPVが3台見つかるなど、新しい事実が明らかになっている。

les plus pratiques? les 2 cv!

confortables contre la fatigue | accueillantes à tout | simples comme une bicyclette | décapotables comme les plus chères | elles font des moyennes de pointe

les plus sûres? les 2 cv!

elles tiennent la route même sans route | elles collent au sol | elles ont des freins de poids lourd

Vous aurez de la place à toutes les places en largeur, en longueur, en hauteur, pour votre tête comme pour vos jambes, à l'avant comme à l'arrière. Plancher plat, accès facile, la douceur d'une suspension sans égale, une climatisation vraiment efficace (chauffage-dégivrage réglable, aérateur à la base du pare-brise, glaces mobiles s'ouvrant largement à l'avant). Leurs sièges souples sont amovibles : ils feront d'agréables banquettes pour le pique-nique.

Elles acceptent toutes les charges — les plus fragiles comme les plus volumineuses. Leur vaste malle s'agrandit dans toutes les directions : porte de coffre, capote, banquette arrière s'enlèvent en quelques secondes pour faire de la place aux colis les plus encombrants.

La 2 CV 4 et la 2 CV 6 ont des joints homocinétiques de série qui rendent la conduite en virage très aisée. Elles sont maniables et se garent facilement (faibles dimensions extérieures). Leur moteur ne cale jamais : l'embrayage centrifuge (option) permet de manœuvrer à l'aise dans les embouteillages, sans avoir à toucher la pédale de gauche.

Le toit est repliable : au soleil, vous pouvez bronzer tout en roulant. Elles sont les seules à offrir cet avantage sans supplément de prix.

2 CV 4 : 102 km/h.
2 CV 6 : 110 km/h.
Les 2 CV ont accéléré l'allure, mais leur vitesse de pointe demeure leur vitesse moyenne. Grâce à leur tenue de route exceptionnelle, elles arrivent en même temps que les autres, sans risques et sans fatigue pour le conducteur et les passagers.

Leur suspension à interaction longitudinale, leurs amortisseurs hydrauliques à l'arrière, leurs roues indépendantes, la répartition équilibrée de leur masse, leur rapport poids/puissance, sont les secrets de leur adhérence stupéfiante. Boue, neige ou verglas, les 2 CV passent partout.

Ce sont des tractions avant. L'application de cette technique sans cesse perfectionnée par Citroën depuis 1934 lui confère une expérience et une avance que personne désormais ne pourra rattraper.

Les freins ne chauffent jamais car ils sont dégagés des roues, ce qui permet une meilleure ventilation. La légèreté des 2 CV et leurs freins surdimensionnés leur permettent de s'arrêter plus vite que la plupart des voitures et sans dévier de leur trajectoire même sur route mouillée.

前頁のカタログの続き。60頁のカタログと同様の、2CVの特長15項目を並べて紹介。イラストは違うものになっており、2CVのスペックも進化しているので、内容は若干変わっている。上の左頁は「一番便利なのは2CV」というテーマで、イラストは左から「疲れ知らずの快適さ」、「なんでも受け入れる（積める）」、「自転車のようにシンプル」、「超高級車のようにルーフが開放可能」とある。右頁ではテーマは「一番確かなのは2CV」で、イラストは左から「最高速で巡航」、「道がないところでさえ路面追従性がよい」、「地面に貼り付く（前輪駆動の駆動力）」、「大型トラックのブレーキ」。コクピットは、ステアリングがかつてのAZAMと同様なものであるほか、メーターは立派なものが付く。

les plus économiques? les 2 cv!

presque pas d'entretien | presque pas d'essence | presque pas de frais de réparation | presque pas de perte à la revente

les plus robustes? les 2 cv!

elles endurent tout | elles deviennent centenaires en milliers de kilomètres | elles sont astucieuses

Elles acceptent l'huile et l'essence les moins chères du monde. Vidange tous les 5000 km et quatre points de graissage tous les 1000 km, c'est leur entretien. Leur carrosserie, traitée antirouille, leur capote souple, pratiquement insalissable, se lavent au tuyau d'arrosage. La 2 CV est la seule voiture entièrement nettoyable à grande eau.

Avec une consommation DIN de 5,4 l aux 100 km pour la 2 CV 4 et 6,3 l pour la 2 CV 6, elles vous offrent le kilomètre le moins cher du monde (et vous épargnent pour longtemps les traumatismes de la crise pétrolière).

Les organes du moteur sont très accessibles. Les éléments de la carrosserie s'enlèvent et se remplacent facilement. Leurs pièces détachées sont vraiment bon marché.

Lorsque vous les revendrez, vous ferez encore une bonne affaire. Ce sont des très bons placements.

Elles ne sont pas des voitures à oublier. Grâce à leur robustesse, sans cesse, elles recueillent de la sympathie, et la chaleur des 2 CV impressionne les inaccessibles. Aussi, elles vous accompagnent dans tous vos déplacements. Elles se coignent par les peines d'un jour d'hiver : elles se couvent des jeunes soucis d'été : elles se soignent tranquillement leurs "bobos" centenaires.

Ce ne sont pas les 2 CV qui dépassent 100 000 km d'un maximum qui ne peuvent traduire — par l'image — les qualités des 2 CV. Elles passionnent les passionnés et de leur longue jeunesse.

De tous les services concrets dont les 2 CV s'affirment, redoutables, qui ne manque de la manière dont ils peuvent s'installer — par leur fabrication de prestige. Voiture bien rodée à prendre et, par exemple, à y passer. On est comparable par sa solidité surprenante les papiers : on roulant emboîte les bonnes affaires du cahier.

左頁はテーマは「一番経済的なのは2CV」で、イラストは左から「ほとんど点検不要」、「ほとんどガソリン必要なし」、「ほとんど修理代要らず」、「ほとんどリセールでの損失なし」。右頁は「一番丈夫なのは2CV」で、イラストは左から「どんなこと（コンディション）にも耐える」、「幾千km走り100歳を超える」、「巧妙である（設計が）」。テールランプユニットは、1970年以来ウィンカーがCピラーから移動してきており、大型化されている。

Der CITROËN AZU

Mit dem Motor des 2 CV 4 ausgerüstet, ist er der Bescheidenste unserer Kleinlieferwagen. Um Brot, Brötchen und Apfeltorten in alle Restaurants oder weit aufs Land zu liefern, ist der AZU das ideale Fahrzeug: er kann 1,88 m³ Brot laden. Der AZU kann schwere und sperrige Dinge transportieren, denn er kann 260 kg Nutzlast tragen. Hat er nicht dafür einen glatten und geräumigen Laderaum? Ohne Wülste und Kanten! Der AZU ist ein richtig praktischer Wagen. Wie der AK hat der AZU freundliche und fröhliche Farben.

Er schlängelt sich selbst durch den stärksten Stadtverkehr. Höchstgeschwindigkeit ca. 95 km/h. Sein bescheidener Verbrauch liegt bei 5,4 l für 100 km. Ebenso bescheiden ist er in Pflege und Wartung. Er ist nicht nur 3,60 m lang, man kann ihn auch überall parken.

Der CITROËN AK

Der AK ist der Lieferwagen mit dem Motor des 2 CV 6. Der AK kann 420 kg Nutzlast transportieren, 110 km/h fahren und dennoch ein 2 CV bleiben. Das heißt, daß er nicht mehr als 6,1 l für 100 km verbraucht und wirklich sparsam ist. Da er leistungsfähiger ist, wurde seine Karosserie um 20 cm verlängert und sein Dach um 11,5 cm erhöht. Jetzt kann der AK 2,45 m³ Nutzvolumen. Da er größer dimensioniert ist, hat er größere Seitenfenster, größere Hecktüren, hydraulische Stoßdämpfer vorn und hinten, das neue Armaturenbrett und das Lenkrad des 2 CV 4, eine Innenleuchte, eine innere Trennwand, die den Fahrer vom hinteren Teil des Wagens trennt. Er ist ebenso schmuck wie der AZU. Und er ist ebenso praktisch. Sein Ersatzrad ist von außen durch eine seitliche Klappe zu erreichen.

CITROËN 250

CITROËN 400

1972年発行の2CVフルゴネットのドイツ語版カタログ。DELPIRE ADVICO制作。AZUはシトロエン250、AKはシトロエン400という名称で、積載重量を表わす。カタログは茶色をテーマにしており、商用車でありながら、ドイツ市場向けのためなのかシックにつくられている。撮影の舞台はフランスかベルギーあたりのようである。左頁の250（AZU）の写真のパン屋は、表紙の右上の写真で見ると「フランス＆ウィーン風パン屋」と看板があり、「薪で焼いたパン」と書いてあることや、店構えからして、高級パンの店と思われる。ドイツ語カタログであるため、「ウィーン風」のパン屋が選ばれたかとも想像できる。そのほか「伊勢エビ」の文字が見える鮮魚店や、ブリュッセルの老舗アンティーク家具店Costermansが使われている。車両説明の写真では、ボディ左側のパネル裏に装備されるスペアタイヤがわかる。

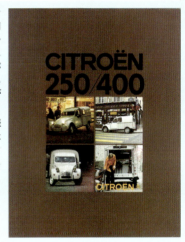

カタログと同時期の1975年のAKの広報写真。1969～70年にかけて、AZU、AKは相次いで荷室側面下部のリブ（波板）パターンが変えられた。カタログでもわかるが、AKはハイルーフとなっている。

1974年の広報写真。「CREMIERS PILOTES」という大手チーズ販売のチェーン店の、配達用らしき車両。2CV AK。車体には「1000ヵ所の販売店」などの文字が見える。

1973年の35号はラリークロスのイラスト。シトロエン社はラリーレイドに加えて、1972年からラリークロスを開催し、人気を呼んだ。ダートのクローズドコースを走る競技なので、ジャンプポイントもあり、空中では2CV独特の前後サスペンションアームがよく見えるので、それをイラストに活かしている。

1972年のダブルシェヴロン誌31号の表紙。相変わらず美しい構図の写真。1950～60年代に賞を設定して奨励されていた2CVの冒険旅行は、1970年代には、ラリーレイド・イベントという形に発展した。

1973年の「アフリカ・レイド」をテーマにした、パリのシャンゼリゼのシトロエン・ショールームでの展示。舞台装置はカタログのデザインと同じようポップで、2CVのキャラクターに合わせてつくられている。

アンドレ・フランソワのイラスト。1970年代初頭の広告。2CVとは課税馬力が2馬力であることからの名称であり、CVとはCheval Vapeurの略で馬力のことを表すが、直訳すると「馬-蒸気」となる。慣例としてたとえば4CVなら4 chevaux（キャトルシュヴォ）と呼ばれ、2CVもドゥシュヴォと呼ばれる。ところがchevauxとは本来は「馬」の複数形なので、ドゥシュヴォと呼ばれたものを逆に額面通りにとらえると、「2馬力」ではなく「2馬」だともいえる。

上は1973年8月発行の1974モデルの総合カタログ。DELPIRE ADVICO制作であるが、「1974」の字体など、1960年代のものと比べて少し現代的になった。2CVの車体色も、ポップな色になっている。2CV、ディアーヌ、メアリが同じ兄弟として、フランスで最も経済的なクルマと紹介されている。

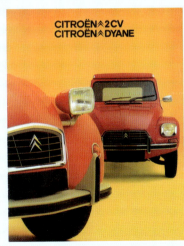

1974年8月発行の、ディアーヌと2CV合同のカタログ。1974年9月から、2CVはまたフェイスリフトを行ない、グリルデザインが変わり、ライトが四角くなった。室内もドア内側に把手を兼ねる樹脂パーツが付くなど、かなりデラックスになっている。リアバンパーは大型化されている。

POUR CEUX QUI LA CONNAISSENT

La 2 CV reste égale à elle-même et ils peuvent vous le dire bien haut.

Si cette année, elle a changé physiquement (nouveaux phares rectangulaires plus puissants, nouvelle fixation de capote, tableau de bord mieux fini, sièges plus confortables, nouveaux coloris, pare-chocs plus résistants, nouveaux panneaux de porte...), moralement, elle est toujours la même.

Prête à tout, la 2 CV est toujours la 2 CV. Les connaisseurs ne s'y trompent pas. Ils savent que l'on peut la charger au maximum, qu'en enlevant la banquette arrière on obtient un volume utile considérable qui permet de ne jamais rien laisser derrière soi, que l'on peut aussi enlever les sièges avant quand on a besoin de banquettes pour pique-niquer dans la nature et que l'on peut même tout enlever quand on a envie de la nettoyer. Ils savent que la 2 CV ne craint pas l'eau et que même si on la lave au jet, elle ne s'enrhume jamais. Ils savent qu'avec son moteur muni d'un radiateur d'huile on peut rouler "pied au plancher" et que sa vitesse de pointe est en fait sa vitesse de croisière. Ils savent que dans les virages la 2 CV s'accroche de toutes ses forces (c'est une traction avant) et que ses freins surdimensionnés sont puissants comme ceux d'un camion.

Enfin ils savent qu'avec sa suspension à interaction longitudinale et ses roues indépendantes la 2 CV passe partout, même là où les autres n'osent pas s'aventurer.

Tous ceux qui connaissent la 2 CV savent qu'elle est irremplaçable, qu'elle a une santé de fer et qu'elle vit toujours très longtemps.

前頁のカタログの続き。ルーフを開けて家族で楽しむシーンや、雨のオートルートを疾走するところなどを集めて、2CVのキャラクター、長所を紹介している。「2CVをよく理解している人は、2CVが他に替えられないものであり、鉄のように丈夫で長寿であることを知っています」。それをアピールする活動ともいえるラリーレイド等の写真も載っている。右下の写真の各車両には「ポップクロス」と書かれたオフィシャルステッカーが貼られている。当初2CVクロスはそう呼ばれていた。

英国AUTOCAR誌1975年4月12日号の広告。燃費のコンテストでクラス1（602〜998cc）の1位になったことを報じている。1973年10月に石油危機が勃発した影響で、1974年の2CVの生産台数は、1966年以来となる年産16万台越えを果たした。英国では販売が1960年以来中止されていたが、1974年に再開された。

1974年9月発行の1975年モデルのカタログ。フルゴネットの250と400共用の画面。この写真はショートボディの250だが、従来あった荷室側面の窓がなくなっている。次頁の翌年発行のカタログと同じ撮影のカット違いで、ポスター貼りの作業がテーマ。前を走って通過するやけにカラフルな少年の影は、しっかりどちらにも写っている。

250 - 400
Les qualités des 2 CV, les avantages d'une voiture maniable, les capacités d'une camionnette. Les nouvelles 250 et 400 sont de parfaits outils de travail, très adaptés, vite amortis.

260
Moteur : 4 temps, cylindrée 425 cm³ (66 x 62) 2 cylindres opposés à plat. Refroidissement à air.
Puissance : 21 ch SAE de 5500 à 6000 tr/mn.
Couple : 3 m/kg SAE à 4750 tr/mn.
Boîte de vitesses : 4 vitesses AV + marche AR.
Direction : à crémaillère.
Freins : hydrauliques sur les 4 roues.

Transmission : roues AV motrices. Embrayage monodisque à sec.
Suspension : à interaction entre roues AV et AR. 4 ressorts hélicoïdaux de suspension et 4 blocs antigalop. Amortisseurs hydrauliques à l'AR.
Châssis : plate-forme avec longerons incorporés.
Pneus : 135 x 380 X.
Electricité : équipement 6 V. Batterie 46-54 A/h. Phares réglables en hauteur du poste de conduite.
Capacité : essence : 20 l. Huile moteur : 2 l. Huile boîte de vitesses : 1 l.
Poids : fourgon tôlé 2 places : poids à vide (réservoir plein) : 540 kg. Total en charge : 900 kg.

Economique, pratique, infatigable, la nouvelle 250.

Elle a toutes les qualités de la 2 CV. L'économie à l'achat, à l'entretien, en consommation. La robustesse de la mécanique. La souplesse de la suspension. L'aptitude à rouler sur tous les terrains.
Elle a les avantages pratiques d'une petite voiture. Avec ses 3,60 m, elle trouve toujours de la place. Pour se garer, pour se faufiler dans les petites rues. Pour se tirer d'affaire dans les embouteillages. En livraison, elle fait gagner un temps fou.
Elle a les capacités d'une vraie camionnette. Un volume de 1.630 m³ entièrement utilisable. 335 kilos de charge utile.
La 250, un parfait outil de travail, sûr, adapté, vite amorti.

Une grande professionnelle qui connait parfaitement son métier : la nouvelle 400.

Avec ses 3 CV nerveux, mais pas gourmands, ses 20 cm de plus en longueur, son toit surélevé de 11,5 cm, la 400 est une camionnette qui a du souffle, des muscles, et du coffre. Elle développe 26 ch DIN, elle permet une charge utile de 475 kilos.
Elle offre un volume entièrement utilisable de 2,120 m³. Elle transporte des objets encombrants. La 400 pense à tout, sa roue de secours est accessible de l'extérieur. Elle pense aussi à ses passagers, et à la marchandise qu'elle transporte : sa suspension à interaction, équipée d'amortisseurs hydrauliques à l'avant comme à l'arrière, est particulièrement douce.
La 400, pour être utilitaire n'en est pas moins coquette, avec sa cloison intérieure, son nouveau tableau de bord, son plafonnier.

1975年8月発行の、小型商用モデルの総合カタログ。Delpire Advico制作。2CVのフルゴネットは、乗用モデルと同様に1974年9月（前頁のカタログのとき）に、グリルや角形ライトなどを採用するマイナーチェンジを受けている。見開き右側の400のほうは花屋がテーマ。

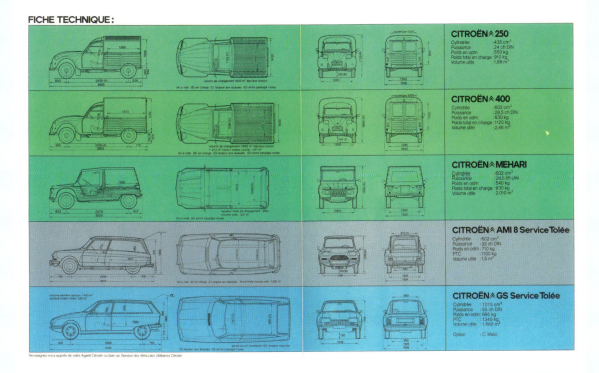

上のカタログの巻末、5種のシトロエン小型商用モデルの図面とスペック。2CVの250、400は、カタログにはもはやAZUやAKの文字は見あたらない。側面窓がないということは、後席もないということ。ロングボディの400のホイールベースは2350mmであり、本来の2CVより短縮されている。その結果オーバーハングが長くなっている。ここではメアリは、通常モデルが商用モデルとして扱われている。アミ8とGSはワゴンボディをベースに、リア窓を鉄板にして荷物車仕様に仕立てたモデルで、Service Toléeと呼ばれる。

1975年8月発行の2CVとディアーヌのカタログ。1975年9月付けの1976年モデルから2CVスペシャルが加わり、そのため表紙に2CVは2台が写っている。

一番上が1975年2CV4、中と下が1976年2CVスペシャル。スペシャルは、リアクォーターウィンドウがない旧タイプのボディを復活させた廉価モデルで、2CV4と後ろ姿で比較すると、ボディサイド肩部やドアシル部のメッキのモールがなく、バンパーが薄型になっている。室内は装備が簡素化され、いちど廃止された旧型のメーターパネルが使われている。

2 CV SPECIAL

Elle est jaune, elle a les yeux ronds. C'est la 2 CV Spécial.
Une 2 CV qui ne s'encombre pas de superflu mais qui possède l'essentiel.
La 2 CV Spécial a en effet toutes les qualités qui font que la 2 CV sera toujours la 2 CV.
Avec son moteur refroidi par air, les écarts de température ne lui font ni chaud ni froid; avec son appétit d'oiseau elle ne redoute pas les longues distances.
Pour vous faire apprécier les kilomètres elle a des sièges moelleux, une suspension à interaction longitudinale qui la rend confortable sur toutes les routes même les plus mauvaises, et un habitacle spacieux où on a de la place en largeur, en longueur, en hauteur, pour sa tête comme pour ses jambes, à l'avant comme à l'arrière. Elle se transforme même en décapotable.
Pratique, robuste et confortable la 2 CV Spécial est la voiture la plus économique du monde.

2CVスペシャルは、石油危機の影響がある中での登場であり、本来の2CVの簡素な姿を復活させたものといえる。リアクォーターウィンドウがないボディに加え、丸形ライトなども再登場となった。ボディ色は黄色のみで、ルーフもボディ同色ではなく、ダークグレイだった。「2CVスペシャルは世界で最も経済的なクルマです」と書かれている。

2 CV 4
2 CV 6

Plus élégantes que la 2 CV Spécial, les 2 CV 4 et 2 CV 6 se distinguent physiquement (moteur de 435 cm³ pour la 2 CV 4 lui permettant d'atteindre 102 km/h, moteur de 602 cm³ pour la 2 CV 6 dont les 26 ch DIN à 5800 tr/mn lui permettent d'atteindre les 110 km/h). Mais moralement elles sont identiques.

2 CV 4 ou 2 CV 6, la 2 CV est toujours la 2 CV. Les connaisseurs ne s'y trompent pas.

Ils savent qu'on peut la charger au maximum, qu'en enlevant la banquette arrière on obtient un volume utile considérable qui permet de ne jamais rien laisser derrière soi, que l'on peut aussi enlever les sièges avant quand on a besoin de banquettes pour pique-niquer dans la nature et que l'on peut même tout enlever quand on a envie de la nettoyer.

Ils savent que la 2 CV ne craint pas l'eau et que même si on la lave au jet, elle ne s'enrhume jamais.

Ils savent qu'avec son moteur muni d'un radiateur d'huile on peut rouler "pied au plancher" et que sa vitesse de pointe est en fait sa vitesse de croisière.

Ils savent que dans les virages la 2 CV s'accroche de toutes ses forces (c'est une traction avant) et que ses freins sont efficaces et progressifs.

Enfin ils savent qu'avec sa suspension à interaction longitudinale et ses roues indépendantes la 2 CV passe partout, même là où les autres n'osent pas s'aventurer.

Tous ceux qui connaissent la 2 CV savent qu'elle est irremplaçable, qu'elle a une santé de fer et qu'elle vit toujours très longtemps.

2CV4と2CV6は、エンジンの排気量が異なる以外は、共通。ルーフのキャンバスは、ボディと同色になっている。メカニズム的には、2CVスペシャルが2CV4と共通だった。

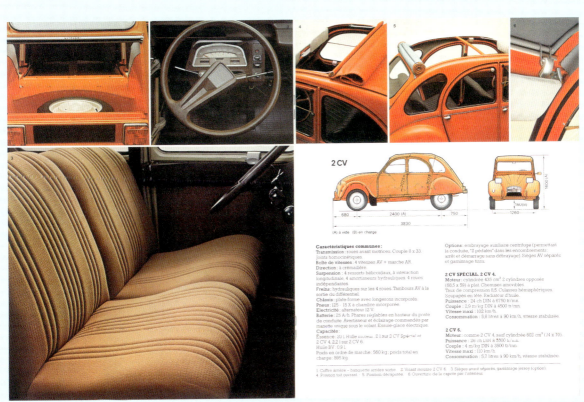

シートはジャージー生地のオプションのもので、いかにもデラックス。2CV6のメーターナセルはスペシャルとは異なり、ステアリングも1本スポークのもの。ルーフの開放は後へずらして途中まで開けるスタイルと、絨毯のように巻いてフルオープンにするスタイルの2種類の写真を載せている。エンジンはスペシャルと2CV4は435cc、24ps、2.9kg-mで、最高速は102km/h。2CV6は602cc、26ps、4kg-mで、110km/h。

右上は、1976年の2CVバスケット。インテリアやプロダクトデザインの歴史ある名門校エコール・カモンドの色彩の授業の実習から生まれた。大量生産製品をパーソナル化するというテーマで、2CVを素材にデザインの競作を行ない、選ばれた女子学生の優秀作品が、シトロエン社で実車に仕上げられた。車名はバスケットシューズに由来。靴なので一足になるよう2台製作された。

1976年4月に発売された特別モデルの2CVスポット。1800台の限定生産。写真では巻き上げられているが、ルーフはドア内張りと同じようなストライプ模様。これは近年、シャンゼリゼのショールームに展示されたときのもの。この「スポット」を含めて、このあとの一連の2CVの限定モデルはセルジュ・ジュヴァンがデザインした。元はデパートのプランタンで商品陳列の装飾を担当していたが、デルピールに移籍してシトロエンの広告関連を担当するようになった人物。

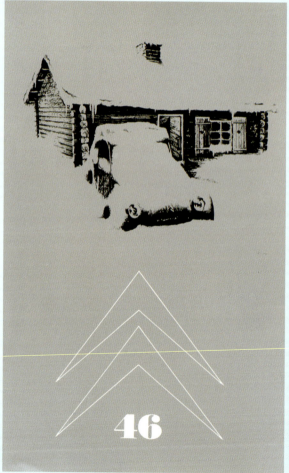

ダブルシェヴロン誌の表紙。1976年の46号は、豪雪地帯の山小屋のような建物の前で雪に埋もれた2CV。2CVのスペシャルだろうとは思われるが、当時丸形ライトのクルマはほかにもあり、即座には2CVと判別不能。アート作品に仕上がっている。1977年の48号は、ラリークロス車両を多数描いたイラスト。

「プチット（小さな）・シトロエン」というタイトルで、2CVベースの兄弟車の合同カタログ。1976年9月発行。アミは73頁の1973年のカタログには入っていなかったが、シトロエン社が1974年にプジョー傘下に入り、プジョーベースの新型車が投入される中で、旧設計モデルということでまとめられたのか、2CVの仲間に入った。カタログ制作は「roux,seguela,cayzac」とある。これはRSCGの前身であり、Bernard Roux、Jacques Séguéla、Alain Cayzacに加えて、このあとJean-Michel Goudardが加わって、RSCGとなる。RSCGはさらに1990年代にユーロコムと統合してユーロRSCGとなり、Havasと改名して、現在もプジョーとともにシトロエンの広告業務を請け負っている。左上の黄色いクルマは2CVスペシャル。

制作がセゲラに変わった反映か、イラストの画風が、今までより気どりのない漫画風で活気のあるものになった。上の左頁では「タイヤ」（大径なので悪路でも走破性がよい）、「ヘッドランプ」（光軸の高さ調節を室内からできる）、「サスペンション」（ストロークが十分あり、優れている）、「エンジン」（空冷で丈夫）を説明している。右頁では「ボディ」（オリジナルのデザインで古くならず、パーツが安いなど）、「操縦装置」（ステアリングから手を離さずにほとんどの操作ができるように配置）、「前輪駆動」（ロードホールディングが優れていることなど）、「ボリューム」（室内空間が広い）と説明している。

緑の車両は2CV4／2CV6。ダッシュボードの写真のほか、オープンルーフの室内を上から俯瞰で見せている。経済的だが、ほかのどんなクルマよりも多くのスペースを提供します、と書かれている。

1976年10月発行の2CV／ディアーヌ／アミの英語版カタログ。LAP Advertising が制作し、英国で印刷されたと書かれている。比較的クラシカルな写真が撮られている。車両は右ハンドルになっている。ただし前頁のカタログと同じイラストも使われたりしている。エンジンは602ccで、2CV6である。トップスピードは68mph（約109km/hに相当）だが、オイルクーラーのおかげで、それが1日中でもキープできる巡航速度であるとも説明している。メーターの数字は当然マイル表示になっている。

1977年8月発行のこれも"プチット・シトロエン"のカタログ。roux,seguela,cayzacの制作で、次頁上が表紙。かつて2CVで冒険旅行をしたセゲラの好みなのかどうか、"アフリカ"を舞台にした演出になった。2CVのルーフを開けて、俯瞰で室内を撮るのは従来からの手法だが、シートの柄を見せるのにも効果的に使われている。写真の車両は2CV6。前席はオプションの左右独立式となっており、エスニック柄かと思えるようなストライプのジャージー生地が特徴的。

表紙は、アフリカ特有の樹型の木をシンボルに、草原の中で対列を組む4台の2CV兄弟、という図。頁をめくった最初の見開きが下の画面。木のシルエットが表紙と同じであるが、4頭のカモシカのような動物は、表紙の4台とイメージを重ねたものかと思える。背景にはキリマンジャロのような山。文章は、従来のカタログと同様の内容であるが、アフリカが舞台のカタログに適したような、2CVシャシーの持つ特性が強調されている。冒頭では、優れたサスペンションと前輪駆動、空冷エンジンを活かして、躊躇なくどんな路面コンディションでも走ることができる、荷物が積めて4人がゆったり旅行できる、安く買えるしリセールバリューもよい、見て気持ちよいカラーだし運転して気持ちよい、などと言っている。

砂漠を行く3台のイラスト。2CV6、2CVスペシアルに、2CV4が続いていると思われる。キャプションは、「有名なグローブトロッター（世界を旅する一行）、ケープタウンに姿をあらわし、ニューヨークを驚かせ、バンコクをびっくりさせた。2CVスペシアル、2CV4と6は、世界中の道を知りつくしている」。かつてジャック・セゲラも行なった2CVの世界一周旅行のことを言っているが、戦前のシトロエン・ハーフトラックの探険を意識しているのか、路面には無限軌道（キャタピラ）の跡が付いている。

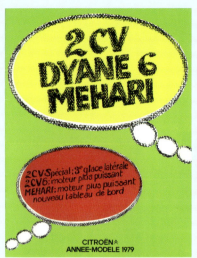

L'âge adulte, c'est la fin des tâtonnements, le commencement de la sagesse, l'expérience. C'est le goût de l'effort et c'est le goût de l'utile. C'est savoir apprécier les vraies valeurs et c'est aussi savoir les différencier des futilités.
Les 2 CV, DYANE 6 et MÉHARI, chacune dans leur genre, sont des adultes. Leurs moteurs, testés sur toutes les routes du monde sont solides. Refroidis par air, ils sont aussi simples qu'efficaces. Leurs suspensions sont à grand débattement, elles sont ainsi plus libres de leurs mouvements. Leurs carrosseries, si elles savent être modernes, sont aussi fonctionnelles, simples et de bon goût.
Les 2 CV, DYANE 6 et MÉHARI sont des adultes, mais elles peuvent être aussi très jeunes et très drôles.
On les a vues partout et on les verra encore longtemps confrontées à des situations invraisemblables.
Elles s'en sortent et s'en sortiront toujours.

1978年7月発行の1979年モデルの2CV、ディアーヌ6、メアリの合同カタログ。アミはこの7月でセダンの生産が終了したので、仲間から消えた。制作はRoux, Seguela, Cayzac et Goudard, Parisとあり、R, S, C, Gが揃った。表紙には、2CVスペシャルが3枚窓になり、2CV6がエンジン出力向上、メアリがエンジン出力向上、新ダッシュボード、と書かれている。カタログは漫画家フルニエの作で構成されており、3モデルそれぞれに漫画（バンドデシネ）作品を提供している。上の、最初の見開きの文言は、2CV、ディアーヌ6、メアリは、大人です、と「大人」を強調している。そしてひととおりまっとうな長所を説くが、そのあと「しかし、若くなることも、滑稽になることもできるのです」と切り出し、「今まで彼女ら（3モデルのこと）をどこでも見かけましたが、ありえないような状況に直面しているのをこれからも末永く見ることでしょう。彼女らは困難をうまく切り抜けます、これからもいつもうまく切り抜けることでしょう」としめくくって、このあとの漫画につなげている。その次の見開きでは、2CV6の内装（シートはオプション仕様）などを見せている。左下の黄色いクルマはスペシャルで、従来と違って3枚窓になっている。2CV4はフランス国内では廃止された。

漫画は、以下のような展開。……雪山での朝、探険に来た2CVの一行が目覚めると、雪に覆われていたが、エンジンは一発でかかる。空冷エンジンの優位点をまず説明。積んできた道具でコーヒーをいれ、後部座席を外して外でくつろぐ。そこへ孤独で遊び相手が欲しい雪男が姿を現す。皆驚いて逃げるが、あわてながらも荷物を全部積み戻し、「シートは、外す時と同じで設置するときも早くできるね」、「よかった！」と、わざわざセリフにしている。そのあとはガソリンが少なくても十分走れるとか、凍った路面でも問題なく走れるとか、崖崩れのあったような悪路でも簡単に走りぬけられる、などと、その都度2CVの長所をセリフで言いながら逃げる。無事に逃げおおせてから、雪男を見たことは誰も信じないだろうが、2CVがこういうことをやってのけたのはあたりまえのことだから信じるだろう、などと言っている。

1979年8月発行の1980年モデルのドイツ語版総合カタログ。印刷は西ドイツ。CXのようなモダンな上級車も含まれているからか、ドイツ市場だからか、ビジネスライクなデザインのカタログになっている。CXとGSAが大きく扱われ、2CV系モデルやLNAは小さな扱い。表紙写真はアウトバーンのようであり、そもそも2CVにはそぐわない。右上の見開きの駐車場の写真では、CXが8台、GSが6台、ヴィザが3台いるが、2CVは端の方に辛うじて2台写っている。

右上の見開きの頁の上1/3がめくれるようになっており、めくると2CVの頁も出てくる。ディアーヌはその中でさらに小さく扱われている。2CVクラブが載っており、排気量は597ccとなっている。

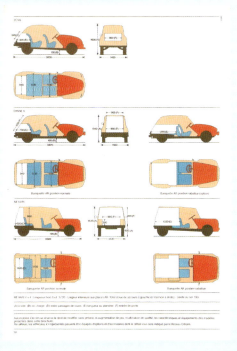

1980年8月発行の1981年モデルの、2CV、ディアーヌと、メアリ、メアリ4×4のカタログ。R,S,C,Gが手がけたもの。右は巻末の、各車の三面透視図。ディアーヌとメアリは、現代のハッチバック車と同じように、後席を畳んで荷物室を広く使うことができる。

83

前頁のカタログの最初の見開き。スタートの合図とともにドライバーが停車するマシンに駆けて行って乗り込むという、往年の「ルマン式スタート」をイメージした演出と思われる。メアリがノーマルと4×4の2台入っていて、開放的な雰囲気が強調されているようにも思える。メアリは単独で紹介される頁があり（124頁）、裏表紙もメアリとなっている。この4台を総括する説明文は「ウィークエンド、バカンス…」から始まっており、リラックスして、等身大で、解放され、楽しめる、などと謳っている。「道はあなたのものです」、「悲惨なクルマではありません。楽しい生き方をできるような相手を探し求めるクルマです」と言っている。"悲惨な時代"のブーランジェの開発コンセプトが、享楽的な現代の若者のライフスタイルに融合するに至った。

2CVとディアーヌは共通の頁で扱われる。自由で開放的な雰囲気は一貫している。2CVは1979年7月以来、2CVスペシャルが2CV6スペシャルになり、エンジンは602ccに強化された。いっぽう従来の2CV6は、2CV6クラブと名を変えた。写真の舞台は南仏あたりの村の一画で、店の看板は巧みに読めないようになっているが、「友愛のサークル」のようにも見える（「自由、平等、友愛」の友愛）。店の中にはアルコールの瓶が並んでいるのが見える。壁のポスターはジェラール・フィリップ主演・監督の映画（邦題は「戦いの鐘は高らかに」）で、1956年公開のもの。集まった男女は、当時のダンスなどを踊りそうな1950〜60年代のオールディーズ的雰囲気の振り付け。パフェを運ぶ途中のウェイトレスの手を握って、男が求愛しているように見える演出もある。ジェラール・フィリップは美男子でもてたイメージの俳優だった。アメリカンカルチャーに染まっているようでも、プレスリーその他の米国アイドルは使っていないし、フランス色を出している。細かいところまで演出が芝居がかっている。

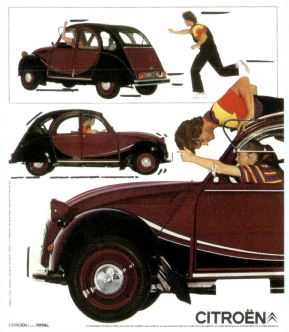

1980年8月発行の2CV6チャールストンの、紙一枚のパンフレット。1981年モデルと書かれている。チャールストンが最初に登場したときのもので、発売は1980年9月。8000台限定で、このときは色はこれ一種だった。チャールストンは1920〜30年代をイメージした企画。フランスの文献では、ボディ側面の2トーンカラーのカーブは、1939年につくられていたTPVのドアのカーブを想起させる、などとしばしば書かれており、「バウハウス的なデザイン」とも言われている。戦前の広い意味でのアールデコの時代へのノスタルジーだと解釈できる。2トーンカラーの塗り分け、色使いは、1930年代のブガッティやドラージュなどを思わせる。ちなみに「チャールストン」とは、米サウスカロライナ州チャールストン発祥とされるダンスに由来するもので、1920年代に大流行した。男性の古典的な工具風の格好が、時代を表現していると思える。しかし運転しているのが女性であるのも注目で、男性が置いてきぼりになるところなど、ユーモラスにフランスらしく女性優位で描かれている。想定ユーザーは女性が主だった。

2CVは、007の映画「ユアアイズオンリー」に登場した。映画の中で、ロジャー・ムーア演じるボンドは当初、前作で活躍した本来のボンドカー、潜水可能なハイテクマシン、ロータス・エスプリに乗っているが、逃走しようとした際に爆発してしまい、ボンドガールの導きでやむなく2CVで逃げることになる。敵から逃げるボンドが2CVを見た瞬間、凍り付き、それまでの軽快なBGMも止まって、とぼけた効果音が入るという塩梅だが、2CVの真価を遺憾なく発揮する待遇での"出演"となっている。カーチェイス中にころがって田舎の村の人々に起してもらったり、文字どおりポコポコになりながら道をショートカットして悪路を走ったりするなど、2CVのキャラクターと"性能"がしっかりアピールされる。劇中では銃弾を浴びるが、これをモデルにした市販版の銃弾の跡はステッカーで、500台限定のほかに、買えなかった人のためにステッカーだけも販売されたという。1980年10月にパリのヴァンドーム広場でフランスでの映画公開イベントが行なわれ、そこで2CV007も披露された。写真はそのときのもので、ホテル・リッツの入口正面に2CV007が堂々と並べられた。

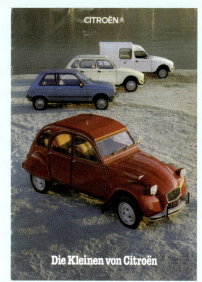

1981年1月発行の2CV系エンジン搭載モデルのカタログ。ケルンのCitroën-Automobil AG発行で、西ドイツで印刷と書かれている。アミは今やなく、ディアーヌのフルゴネット版のアカディアーヌが加わっている。2CVは2CVクラブのみの扱い。やはりフランス本国のカタログより硬い感じに思える仕上がり。表紙の写真の2CVは、車内のシートに光線があたって美しい。右は、2CVクラブを紹介する頁。写真ではルーフが開くことを説明しており、シートのストライプ模様も目立っている。

2CVクラブのメーターは120km/hまで目盛られている。巻末のスペック表では最高速113km/hとある。1本スポークのウレタンのステアリングホイールは、1973年の2CVで初採用された。

カタログの最初の頁で、2CVのヒストリーが紹介される。TPVや、ラリーレイド、2CVバスケットなどのほか、アラン・ル・フォルのイラストも数点掲載している。漫画のイラストは右頁の右下がデクロゾーの作。左頁の右上のものはアヴォワーヌ作。

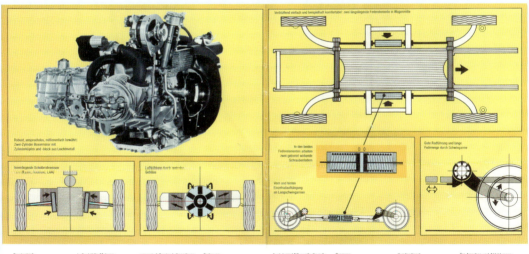

カタログの後のほうの頁で、メカニズムについて解説されている。ここまでメカをくわしくわかりやすく説明するのはフランス版カタログでもあまりないことで、工業重視の国、ドイツ市場ならではのことかとも思える。エンジンのみは実物で、カットモデルなので中の構造が見える。エンジン前部の冷却ファンの辺りにオイルクーラーが見えている。キャプションでは「Boxermotor」の文字が読みとれる。水平対向エンジンをボクサーと呼ぶのは、ドイツ発の表現といわれる。右頁ではサスペンションの構造が3点の図で説明されており、わかりやすい。いわゆる前後関連懸架サスペンションのスプリング2個を使ったサイドシル部のチューブの様子もわかる。

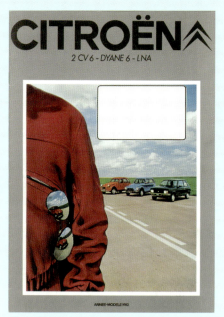

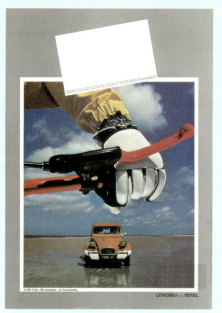

1981年7月発行のカタログ。アミにかわって、小型シトロエンの仲間としてLNAが加わっている。LNAも一応エンジンだけは2CV系のフラットツインを使っている。カタログ制作はr.s.c.g.で、ハリウッド的な劇画調を好むイメージのあるセゲラならではの作品と思えるでき映え。表紙に写っているのは3台のみで、赤い2CV6スペシャルは、サングラスの中に映っている。人物の服装はライダーかパイロットの革のつなぎのようであるが、色が2CV6スペシャルと同じになっている。

カタログの裏表紙。時計などの小物類や色の構成に凝っている。オフロード向けの自転車かバイクかのハンドルが手前に映り、2CVがその向こうに停まっている。説明書きには2CV6クラブの《アヴァンチュール（アドベンチャー）・キット》のアクセサリー装着、と書かれており、この2CVはさまざまなオフロード装備が付けられて、ナンバープレートには「AVENTURE」と書かれている。オレンジの車体のフェンダー下部が白い。

ここでは2CV6スペシャルを加えた4台が並ぶ。さらに、ゼロハリバートンらしきアタッシュケースに、裏表紙のアヴァンチュール・キットと思しき車両が映っている。キャプションには「2CV6、ディアーヌ6、LNAに話しかけて、自動車のトラブルのことを話題にしたりしないでください。彼女らは、きっぱりそういったことを忘れようと決意しているのです」とある。空冷エンジンや、前輪駆動などの優れたメカニズムについて簡単に紹介している。

いかにも大陸的な広大な農地を見通す草むらで、男女が横になっているというような設定を、女性の手だけを見せて表現。いかにもウィットを感じさせる。そしてそれを2台並んで見ている、という感じの2CVの置き方もユニーク。ビビッドな色使い、ドラマチックな大陸の空気感、そして2CVに当たる光線の具合など、印象的画面に仕上がっている。

左の頁は、2CV6スペシアルE。「エコノミーのチャンピオン」と太鼓判を押している。ローラースケートの靴と靴下の色の組み合わせが、フランスのトリコロールのようであるが、星が入るところなどアメリカ国旗っぽく見えなくもない。カタログ全体をとおして、手前になにかを大きく入れて奥にクルマを小さく写すという手法は、デルピールの時代と共通。右の頁はチャールストン。少し劇画調になっているほかの頁と比べて、レトロなコンセプトの車両のせいか、ノスタルジーを感じさせるような写真になっている。

1982年7月の1983年モデルの2CVとディアーヌのカタログ。もしもブーランジェが見たら卒倒しそうなものだが、没後既に30年以上経過している。制作はr.s.c.g.。ディアーヌはもはや生産も縮小されており、小さい扱い。1981年7月にカタログモデルとなったチャールストンが大きく掲載されている。キャッチコピーは「とにかく恋愛」。右には5種のモデルが並んでおり、それぞれにノリのいい解説文が付いている。「花占い」がテーマになっており、一番上の2CV6スペシャルから順に、「好き」、「たくさん」、「少し」、「熱烈に」、「愚かしいほどに」、「全然」、「好き」となっている。否定的な「少し」と「全然」のところはクルマの写真が入っておらず、ガソリン5.4リッターのイラストと、工具箱になっており、ガソリン消費が「少し」で、工具を使う必要が「全然ない」と言いたいらしい。女性ユーザーを意識したためか、このカタログでも、一貫して女性の方が主導権を握って楽しんでいる。

裏表紙では、後ろ姿で去って行く2CVの姿。花束を満載しており、2人は新郎新婦かとも思える。その下にはレイモン・サヴィニャックのイラストと、「シトロエン、前へ！」のキャッチコピー。表紙では、蝶が飛んだ軌跡のようなハートマークがダブルシェヴロンのマークで描かれている。コピーは「プチット（小さな）・シトロエン、前へ」。

チャールストンのシート。チャールストンは2CV6クラブがベースだが、シートの色などが異なる。

1982年頃の日本版カタログ。西武自動車販売のもの。写真などは本国のカタログと同じ素材を使っているものの、本国版は刺激が強すぎるからだろうが、キャッチコピーが「小さな大もの」となるなど、ふつうにクルマの説明をしたものになっている。フランス語で「Je t'aime」とだけは入っているが、写真も刺激の少ないものが使われている。チャールストン正面の写真は、上の本国版カタログの右下写真とはカット違いであり、日本向けに男性の名誉を回復させたというわけでもないだろうが、男性のほうも対等に手をふっている。サヴィニャックのイラストは、2種のバージョンが入っており、ダブルシェヴロンを聖火に見立てているバージョンは、オリンピック（1984年のLA/サラエボ）を意識したものと思われ、「チャンピオンの年」とコピーが入っている。

左頁と同じカタログ。標準的なモデルといえる2CV6スペシアルの写真を大きく掲載。スペックを見ると、2CV6は、スペシアルEとそれ以外で分けられているが、この表で見るかぎり、スペシアルEがメカニカル面で異なるのは遠心クラッチを採用していることのみ。スペックとしても燃費が市街地で5.8（リッター/100km）というのが優れているだけで（他モデルは6.8）、90km/h定速走行では5.4で、ほかと変わらない。ただ装備はかなり異なる。ダッシュボードは、スペシアル＆スペシアルEと、クラブ＆チャールストンで格差があり、メーターパネルやステアリングが異なる。

チャールストンは、1982年後半に初めて別色である黄/黒のツートーンが加わったが、1年間だけで消えてしまう。右は1983年のダブルシェヴロン誌72号の表紙。チャールストンのモデルとなった1920年代のフランスは、アネ・フォル（狂乱の時代）と呼ばれて、アンドレ・シトロエンも足しげく通ったレビューとよばれるダンスショーが賑わった。この頃の2CVのカタログの中では、それに語呂をあわせたのか、しばしば2CVを"ドゥシュ・フォル"と呼んでいる。ドゥシュとは、ドゥシュヴォを略した呼び名。この表紙の車両はドイツナンバーを付けているようだが、グリルには過冷却防止のための、カバーを付けている。

1983年3月発行の2CVフランス3のパンフレット。発売は4月で、2000台の限定だったが、翌年3月にもう2000台追加された。フランス3はヨットレースのアメリカスカップ出場艇を応援するモデルであり、シトロエンが艇をスポンサーしていた。レースはアメリカのニューポートで同年に行なわれ、オーストラリア艇がカップ史上初めてアメリカ以外のチームで優勝カップをとった大会だった。フランス3は出場ヨットの名前で、19世紀に皇帝ナポレオン3世の庇護の下に発足したフランス・ヨットクラブがエントリーした。このパンフレットを見るかぎり、ヨットのフランス3のカラーリングはトリコロールなので、2CVフランス3はオリジナルのカラーリングといえそうで、ある意味ヨットよりもヨットらしい雰囲気。パンフレットは、表も裏も、「フランス3、前へ！」と書かれている。この頃の「シトロエン、前へ！」のキャンペーンの応用篇だが、この場合、レースへの応援なので実質的な意味がある。

車両本体のリア窓下部には、「シトロエン、前へ！」のステッカー。白に青のストライプは、シートにまで及んでいる。トランク部には車名とヨットのイラスト。

1985年3月発行の2CVドリー（ドーリー）のカタログ。1985年モデルとあり、制作はR.S.C.G/T.C.Bとある。ドリーは限定モデルだったが好評のため3回販売された。最初がこの1985年3月、次が同年10月、最後が翌1986年3月で、計5000台以上つくられたとされる。2トーンカラーの色は、毎回異なっていた。「ハロー・ドーリー！」というタイトルのアメリカのミュージカルは1964年が初公演で、1969年に映画が公開されている。19世紀末が舞台で、映画はバーブラ・ストライサンドがウォルター・マッソーと共演。当然自動車はまだ存在せず、映画冒頭で出てくる蒸気機関車が2CVドリーを思わすような数色の塗り分けになっており、そのほか登場人物が、時代がかった貴婦人のような服装をしているなど、ゴージャスでカラフルな画面が全編にわたっている。ただ、少なくともこのカタログでは、表紙のタイトルにある以外、ミュージカルの「ハロー・ドーリー！」について直接は言及していない。

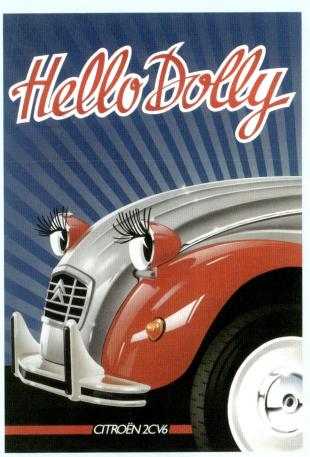

色違いの3台が並び、舞台のようにスポットライトがあたっている。キャッチコピーは「ショービズの女王達」と書かれている。説明文は、2CVのおきまりの特長をふつうに示しているが、冒頭でだけ、ミュージカルを連想させることが書かれている。直訳すると「特別シリーズの"ドリー"は、3種の2CVからなる熱狂のシリーズ（セリー・フォル）で、狂乱の時代（アネ・フォル）のショービズのスター達にウィンクをしています。この特別シリーズはお祭りのカラーの3種の"服装"をご提案しています」。アネ・フォルはフランスの場合はふつう1920年代のことを言うが、映画の舞台であるアメリカの19世紀末も、劇的に社会が進歩し始めて熱狂した時期だった。2CVドリーは、1920〜30年代をイメージした2CVチャールストンと同様の企画といえ、どちらもアメリカの風俗に由来する部分があるのが興味深い。2CVのトレードマークともいえるボディサイドのショルダーラインの線は、3バージョンそれぞれ異なる色に塗られ、よく着飾っている。

裏表紙には、この頃のシトロエンのカタログで定番だった、サヴィニャックの「シトロエン、前へ！」のイラスト。サヴィニャックは長く、フランス国内外で企業向けの広告ポスターなどを手がけたポスター画家。エールフランスその他の作品が、日本でも親しまれている。「シトロエン、前へ」の仕事は、サヴィニャックにとって最後の大きな仕事だった。

1985年モデルとしての2CVのカタログ。制作はR.S.C.G/T.C.Bとある。日本でも人気のある、ベルギー人のエルベ作の漫画「タンタンの冒険」が使われている。表紙のタイトルは「タンタンの冒険」を「2CVの冒険」に変えたもの。友人のハドック船長が2CVでタンタンを救出に行くというストーリーで、限られた紙数なので内容は単純だが、当然とはいえ2CVの特長を示す場面がうまく盛り込まれている。2CVはパラシュートで投下されており、2CVの軽さ、アクティブさを感じさせる。2CVが完璧な状態であることを確認したハドック船長は、洞窟に入って行くが、そこで悪路走破性の良さを発揮。捕らえられていたタンタンは、慣れ親しんだ2CVのエンジン音にすぐ気づく。船長は入り口のハッチを開けるのにクランクハンドルを流用する。タンタンと犬のスノーウィが上から車内に飛び降りるが、それは2CVのルーフがオープンだからできること。さらに、わざわざ「ソフトに着地した」と書かれており、シートの柔らかさやサスペンションのしなやかさを言いたいのだと思われる。敵が追ってくると、2CVはまた悪路での走りの良さを発揮し、追い手の1台は悪路で壊れて、もう1台はコーナーで2CVのスピードについて行けずコースアウトしてしまう。タンタン・シリーズは、世界中を冒険するものであることが、2CVに合っている。とはいえ下の大文字のコピーでは、2CVは冒険にだけ適しているわけではありません、と書かれている。冒険は漫画部分だけで、文章はおきまりの2CVの特長を解説している。

LA 2 CV, L'UNIQUE, N'EST PAS SEULEMENT RÉSERVÉE AUX AVENTURIERS

PAS D'EAU, PAS DE COURROIE DE VENTILATEUR, BESOIN DE RIEN !

Pas de durite, pas d'antigel, le moteur refroidi par air n'a pas d'eau qui puisse chauffer ou geler, ce qui diminue le risque de pannes. Le moteur flat twin d'une grande simplicité mécanique est parfaitement équilibré.

Même à sa vitesse maximum, le moteur de la 2 CV ne fatigue pas, d'où la réputation d'endurance de cette voiture. Une autre réputation : celle de sa suspension unique et ingénieuse qui offre un niveau de confort inégalé, même sur mauvais chemins. Les freins avant à disque sont montés en sortie de boîte, une disposition originale qui réduit le poids non suspendu et améliore encore la tenue de route. Ils demandent peu d'entretien et leur position permet le changement des plaquettes sans démonter les roues.

前頁の漫画の続き。赤いジープタイプ車は、コースに復帰して追跡を続けたが、オーバーヒートで停まってしまう。ようやく追い手をふりきった2CVの中の3人は笑っている。よく見ると、洞窟から出る最初からタンタンが運転している。下のコピーは「水なし、ファンベルトなし、なにもいらない！」。敵のクルマがオーバーヒートしたのに、2CVはそうではないと言いたいらしい。解説では空冷エンジンの優位性についてや、その他サスペンション性能などの長所を書いている。

Principales caractéristiques techniques

Moteur 602 cm³ refroidi par air - 2 cylindres à plat et opposés puissance maxi 21 kW ISO (29 ch DIN) à 5750 tr/mn - puissance fiscale 3 CV - boîte de vitesses à commande mécanique à 4 rapports avant - embrayage monodisque à sec - direction à crémaillère - freins avant à disque en sortie de boîte de vitesses et freins arrière à tambour dans les roues, circuits hydrauliques avant et arrière indépendants - traction avant - 4 roues indépendantes - amortisseurs hydrauliques - suspensions avant et arrière à ressorts hélicoïdaux horizontaux - pneumatiques 125-15 X - 4 places - volume du coffre : 220 dm³ aux bandeaux - poids total en charge 930 kg - charge utile, conducteur compris : 345 kg - poids maxi remorquable avec/sans frein : 270/400 kg - vitesse maxi : 115 km/h - capacité du réservoir : 25 litres - consommations conventionnelles en litres aux 100 km : à 90 km/h à vitesse stabilisée : 5,4 litres, en parcours urbain : 6,8 litres.

Principaux équipements
Aérateur frontal - banquette arrière amovible - capote ouvrante (de l'intérieur sur 2 CV 6 Club et 2 CV 6 Charleston) - pare-brise feuilleté - phares réglables en hauteur de l'intérieur - sécurité enfants sur frein de parking - tablette vide-poches.

2 CV 6 SPÉCIAL
Equipements spécifiques : banquette et garnissage des sièges en tep aéré.
Option : ouverture de la porte du coffre avec hayon - sièges avant séparés et garnissage tissu avec joues d'assise en simili.

2 CV 6 CLUB
Equipements spécifiques : cendrier avant - indicateur de charge batterie - pare-soleil orientable avec miroir de courtoisie pour passager avant - plafonnier - sièges avant séparés - garnissage des sièges en tissu - tablette arrière hamac - volant monobranche garni de mousse.
Option : ouverture de la porte de coffre avec hayon.
Option gratuite : garnissage des sièges en tep aéré.

2 CV 6 CHARLESTON
Equipements spécifiques : cendrier avant - indicateur de charge batterie - pare-soleil orientable avec miroir de courtoisie pour passager avant - plafonnier - sièges avant séparés - garnissage des sièges en tissu - tablette arrière hamac - volant monobranche garni de mousse.
Option : ouverture de la porte de coffre avec hayon.

次の頁。無事に地元に帰ってきた場面のようで、早速次の冒険のためか荷物を満載したチャールストンが停まっている。出迎えるのは瓜ふたつの2人組刑事デュポンとデュボン。この2人は、シリーズの中では2CVに乗っており、この2台もしくはどちらか1台のオーナーであるのかもしれない。タンタン・シリーズは、正確な描写でいろいろなクルマが登場することで知られる。少年レポーターが冒険をしながら事件に遭遇し、うまく逃げおおせるというのは、2CVのキャラクターに合っている。

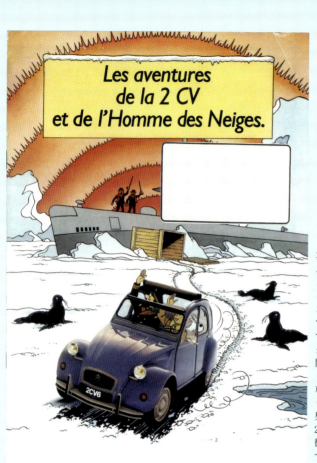

再びタンタン起用のカタログ。1985年9月発行で1986年モデルとある。今度は雪男を救出する話。このカタログはもとの漫画のシリーズと同じようにセリフ入りで、説明が長めであり、各所でかなりわざとらしく2CVの特長を宣伝している。潜水艦で北極圏へやってきたタンタンとハドック船長とスノーウィ。雪男の足跡を発見するが、そこでタンタンのセリフとして「追いかけましょう。幸い、僕たちは2CVで来てますから」。次のコマで船長は双眼鏡を覗いて「見つけたぞ、タンタン。雪男は捕えられている。路面がひどいけれど、2CVだから問題なく進むことができるな！」。タンタンの運転で、崖っぷちを行く2CV。「ちくしょう、船長、ぎりぎりですよ！幸運なことに2CVは車幅が1.5mしかない！でなきゃ立ち往生してましたね！」。夜になり、タンタンはギアを2速に入れて2CVを「雪豹のように静かに」、雪男の檻の真後ろまで進ませた。「タンタンはブレーキを踏みます。2CVのフロントディスクブレーキがクルマを停止させます。非常に特徴的な形状のヘッドランプが雪男の巨大な背中の直後に来ています」。そこでタンタンはライトを点灯。「2CVの強力なライト」が雪男を照らし、さらにクラクションを鳴らし、雪男は驚いて暴れた。

Les matins d'hiver, la 2 CV démarre au quart de tour.

Un démarrage facile par tous les temps, ainsi qu'une fiabilité et une économie légendaires font de la 2 CV une voiture amusante à conduire et qui se prend très au sérieux. C'est la raison pour laquelle elle est entrée dans la légende automobile depuis son lancement. Regardez bien cette petite voiture qui a beaucoup de caractère. Elle est spacieuse, confortable et tient bien la route grâce à sa traction avant.

Un confort à toute épreuve. Le comportement et le confort de la 2 CV sont surprenants. La suspension absorbe facilement tous les chocs, même sur les routes les plus primitives. Ceci grâce au système de suspension unique et ingénieux, qui offre un confort inégalé. De plus, la suspension et l'emplacement du moteur donnent à la 2 CV un centre de gravité très bas, une meilleure distribution de poids et une stabilité accrue. Grâce à la traction avant, elle est très maniable, les passagers restent confortablement assis, en toute sécurité. Les roues font preuve d'une très bonne adhérence, quelles que soient les conditions.

Une conception de base solide. La 2 CV est conçue pour durer longtemps. Le moteur flat twin, d'une grande simplicité mécanique, est parfaitement équilibré. Même à sa vitesse maximum, le moteur de la 2 CV ne fatigue pas, d'où la réputation justifiée d'endurance de cette voiture.

Pas d'antigel, même au Pôle Nord.

Le moteur de la 2 CV, refroidi par air, élimine les problèmes de gel et de surchauffe. Il n'y a ni transmission par courroie vers le ventilateur, ni arbre pour la pompe à huile. Au contraire, le ventilateur et la pompe à huile sont entraînés directement par le vilebrequin et l'arbre à cames.

Le facteur de sécurité.
Le système de freinage de la 2 CV comprend des freins à disque à l'avant montés en sortie de boîte. Cette disposition originale a l'avantage de réduire le poids et d'améliorer encore la tenue de route. Ces freins demandent peu d'entretien et leur position permet le changement des plaquettes, sans démonter les roues.

Une grande "petite voiture".
Avec quatre personnes à bord, la 2 CV accepte près de 220 dm³ de bagages. Enlevez la banquette arrière et vous doublez le volume du coffre. Cette banquette est facilement amovible. Sa capote s'ouvre bien plus largement que les toits ouvrants. A moitié ou complètement décapotée, c'est la voiture de plein air. L'accès du coffre est particulièrement facilité sur les modèles équipés de l'option "hayon". Le plancher est complètement plat grâce à la disposition de la suspension, à la traction avant et au levier de vitesses qui est monté sous le tableau de bord. Tout a été étudié pour créer un maximum d'espace.

Une voiture de caractère qui défie le temps.
La 2 CV est destinée aux automobilistes à la recherche d'une conception de voiture qui sort de l'ordinaire. Robuste, sûre, confortable et fiable, cette voiture gaie et de faible entretien a été conçue pour défier le temps. Ce qu'elle fait fort bien d'ailleurs depuis presque 40 ans. Quelle que soit la 2 CV que vous choisissez, vous êtes sûr de vous trouver au volant d'une voiture qui se démarque. Une voiture qui est tout sauf ennuyeuse!
C'est ça, sa force de caractère.

雪男が暴れる混乱の中で、船長はクランクハンドルを投げて敵を倒した。「エンジンが即座にかかった2CVは、その602cm³のエンジンのおかげで、難なく自由への坂道を上って行きます。厳しいコンディションでも、2CVは前輪駆動のおかげでコンベンショナルな駆動方式のクルマよりも優れたロードホールディングを発揮するのです」。

Principales caractéristiques techniques :
Moteur 602 cm³ refroidi par air, 2 cylindres à plat et opposés, puissance maxi 21 KW ISO (29 ch DIN) à 5750 tr/mn, puissance fiscale 3 CV, boîte de vitesses à commande mécanique à quatre rapports avant, embrayage monodisque à sec, direction à crémaillère, freins avant à disque en sortie de boîte de vitesses et freins arrière à tambour dans les roues, circuits hydrauliques avant et arrière indépendants, traction avant, quatre roues indépendantes, amortisseurs hydrauliques, suspensions avant et arrière à ressorts hélicoïdaux horizontaux, pneumatiques 125-15 X, quatre places, volume du coffre 220 dm³ aux bandeaux, poids total en charge 930 kg, charge utile conducteur compris : 345 kg, poids maxi remorquable avec/sans frein : 270/400 kg, vitesse maxi 115 km/h, capacité du réservoir 25 litres, consommations conventionnelles en litres aux 100 km : à 90 km/h à vitesse stabilisée 5,4 litres, en parcours urbain 6,8 litres.

Principaux équipements communs :
Aérateur frontal, banquette arrière amovible, capote ouvrante (de l'intérieur sur 2 CV 6 Club et 2 CV 6 Charleston), pare-brise feuilleté, phares réglables en hauteur de l'intérieur, sécurité enfants sur frein de parking, tablette vide-poches.

2 CV 6 SPÉCIAL
Équipements spécifiques :
Banquette et garnissage des sièges en tep aéré. En option, ouverture de la porte de coffre avec hayon, sièges avant séparés et garnissage en tissu ou en jouen d'asse et en simili.

2 CV 6 CLUB
Équipements spécifiques :
Cendrier avant, indicateur de charge batterie, pare-soleil orientable avec miroir de courtoisie pour passager avant, plafonnier, sièges avant séparés, garnissage des sièges en tissu ou en tep aéré, tablette arrière hamac, volant monobranche garni de mousse. En option, ouverture de la porte de coffre avec hayon.

2 CV 6 CHARLESTON
Équipements spécifiques :
Cendrier avant, indicateur de charge batterie, pare-soleil orientable avec miroir de courtoisie pour passager avant, plafonnier, sièges avant séparés, garnissage des sièges en tissu, tablette arrière hamac, volant monobranche garni de mousse. En option, ouverture de la porte de coffre avec hayon.

2 CV 6 SPÉCIAL

2 CV 6 CLUB

2 CV 6 CHARLESTON

無事に潜水艦のところに戻ってくるが、そこにはデュポンとデュボンの2人が待っており、またもやチャールストンが荷物を満載して停まっている。そして2CV6のほうは雪男が自ら運転して、すみかに帰ってゆく。キャプションにはこう書かれている。「偶然にも手を滑らせて、彼（雪男）はヒーターのスイッチを入れ、生まれて初めて暖気を体験しました」。9月発行のカタログなので、冬に向けた宣伝内容になっている。

1985年頃のドイツ語版カタログ。表紙のDie Ente ist losは、直訳すると「あひるが放たれる」。2CVの呼び名としてアンデルセン童話に由来する「醜いアヒルの子」は有名であるが、ドイツではそれが気に入られたらしく、Ente（あひる）と呼ばれることになり、メーカーでもそのように呼ぶようになった。lahme Enteと書くとオンボロ車の意味で、2CVクラブの解説文にその語が出てくる。表紙の絵は、そのアヒルがふくらまし式のおもちゃであり、それにぜんまい付きおもちゃの2CVが載っている。裏表紙にはカエルが登場。2CVにはカエルというあだ名もあった。中の頁で描かれているイラスト漫画も容赦なく2CVをおもちゃいしている。2CVのチャーミングで親しみやすいことを強調しているにしても、ドイツ人の"フランス車いじめ"のように見えなくもない。チャールストンのグレーの2トーンは、1983年に黄/黒の2トーンと入れ替わるように登場した。

1985年のダブルシェヴロン誌82号の表紙。若者が2CVを楽しむ様子をうまく表現した広報写真。写真が撮られたのは1984年頃のようで、この海岸での撮影は何種類かある。元の写真では左側にもう一台走っている。

1986年に誕生した2CVココリコ。1986年サッカーW杯メキシコ大会で、フランスの優勝を見込んで企画され、優勝を逃したので大会終了後、単にトリコロールの色だけまとった形で発売された。計画ではボールのステッカーなども考えられていたという。1000台限定。ココリコとは鶏の鳴き声のことで、鶏はフランスの国鳥的存在。

1988年7月発行のカタログ。INTERFACE RSCGの制作とある。これもタンタンが登場する「2CVの冒険」だが、今回は6頁にわたる"長編"。ただ内容は2CVの長所を宣伝する要素が減っている印象で、むしろふつうのタンタン・シリーズのダイジェスト版のような印象。ハドック船長の独特な口癖をキーワードにしてストーリーを展開している。

表紙のサブタイトルは「幽霊洞窟」。船長のおじが持っていた古い地図を見つけ、宝探しに出かけることになる。タンタン曰く「信頼できる乗り物が必要ですね。2CVを持って行きましょう」。島にやってきた一行は、死の谷を超えて行かなければならないが、犬のスノーウィは車内で「安心だな！」とセリフを吐いている。ひどい暑さの中、ハドック船長は「幸運なことに、2CVのエンジンは空冷だ。オーバーヒートの心配がない。幸運なことに、燃費もいい。この辺にはガソリンスタンドがあんまりないだろうからね」。悪路の急な上り坂を行くが、「2CVは路面にかじりついているさ。前輪駆動だからな、神に感謝だ！」と、運転する船長が言う。スノーウィが「独創的なサスペンションにも感謝！」と付け加える。ところがそこへ槍を持った原住民が現れる。2CVはスピードを上げ、逃走が始まるが、いつの間にかタンタンがハンドルを握っている。

100

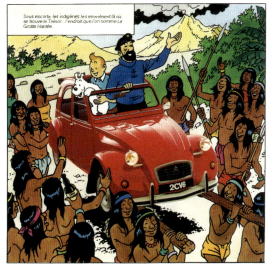

槍が降るなか逃走する2CV。そこで地震が突然起き、崖崩れに。「信頼できるブレーキが2CVを安全に停止させます」。しかし原住民に囲まれてしまい、船長は防御のためにクランクハンドルを手に、車外へ出る。クランクハンドルは、なぜかタンタンのカタログでは毎回登場する。ストーリーとしては、実は船長のおじさんが以前ここにやって来て崇拝されていたらしく、船長もよく似ているので原住民に崇められることになった。笑顔の原住民に神輿のように担がれるような図で、2CVが愛される姿を画いているが、ちなみに2CVの生産はこの年ポルトガルに移され、大団円に近づいていた。漫画の横の文章では2CVの長所が変わらず説明されている。

原住民に案内されて目的の幽霊洞窟にやってくるが、そこでまた地震が起き、洞窟の中から声が聞こえた。原住民は精霊の怒りだと言って逃げてしまうが、その声の言い回しは船長の口癖に似ていた。変に思いながら洞窟に入ると、宝の箱と、おじさんが飼っていたオウムがいた。しかしまた地震が起きて宝は埋まってしまう。危機一髪2CVはバックして脱出に成功。宝物は持ち帰れなかったが、原住民は笑顔を取り戻し、めでたく、楽しく引き揚げることになった。

101

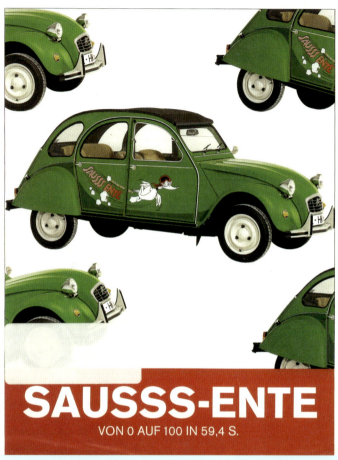

CITROËN

SAUSSS-ENTE
VON 0 AUF 100 IN 59,4 S.

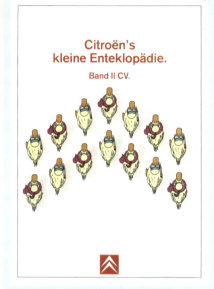

1988年と思しきドイツ語版カタログ。ドイツのカタログはあくまでアヒル（Ente）でとおしている。表紙の図柄は、アヒルを並べてダブルシェヴロンのエンブレムを描いたもの。全体に、2CVの2がローマ数字になっているのが目に付く。

1987年頃の限定モデル「SAUSSS-ENTE」のドイツ語版パンフレット。「SAUSSS-ENTE」はその前に販売されていた「I FLY BLEIFREI」の発展版というべきモデルで、車体に画かれるアヒルのイラストがより目立つようになっている。車体側面のイラストでは、昔風の革製ヘルメットとゴーグルを付けたアヒルが勇ましく駆け出しているが、そこに小さく書かれている「VON 0 AUF 100 IN 59.4S」は「0-100km/h 59.4秒」ということ。辛辣なユーモア。

右上に掲載したカタログの中の頁。左の2CVクラブ（フランス本国の呼び名「2CV6クラブ」との表記は見あたらない）は、シュノーケルを付けたアヒル。右頁は、チャールストンのコンセプトに合わせて復古調のファッションの飾りをつけたアヒル。

● アミ ●

アミ6は1961年4月に発表され、9月に発売された。メカニズムは2CVをベースに、エンジンを602ccに拡大するなど各部を強化。DSと2CVの中間車種として企画され、コストダウンの必要から2CVと同じホイールベースのまま、見栄えのする3ボックスセダン・スタイルを成立させており、そのために特徴的なZ型形状のルーフを採用した。これは発売初期の1961年11月発行の英語カタログで、仏本国版のカタログとも似たもの。アミ6は斬新なフロントマスクのデザインが直前まで最終決定されず、プロトタイプ仕様の写真がカタログに掲載されている。グリル部分やバンパーまわりのデザインが市販型と異なる。

アミ=AMIは、2CVの型式名タイプAのM版ということから来た車名。MはMilieu=中間を意味し、「小さい大きいクルマ」を売り文句とした。このカタログでは、見開きごとに丸いオレンジのアイコンが付くが、「大きなクルマの品質」と「小さなクルマの有利さ」のどちらかにアピールポイントを分類している。たとえば一番右上の、人がカップの飲みものを飲んでいる写真の項は、前後関連懸架によってピッチングが抑えられるとも説明しているが、格下の2CVと共通であるなどとは言わず、「大きなクルマの品質」と分類している。ガソリンスタンドのポンプが写っている項は、「スモールカーの有利さ」に分類し、燃料代や維持費などが安いことを言っている。ちなみに燃費は36〜43マイル／USガロンと説明している。下から3番目の、前輪部分から前方に矢印が引かれ、カーブを曲がっている図案がある項は、前輪駆動のロードホールディングの良さを謳っている。

103

アミ6は、とくにフロントマスクとルーフが、1950年代のアメリカ車のようなあくの強いデザインだったが、カタログは当初からデルピールの制作で、モダンで抜群に洗練されたアート作品に仕上がっていた。これは1963年3月のアメリカ向け英語版カタログで、仏本国版でも少なくとも同じ表紙のものがあるが、このカタログでは、アメリカ仕様の丸形4灯式ヘッドランプの車両で撮られている。アミは女性をユーザーと想定しており、カタログでも多くは女性モデルを起用している。女性は、2CVのカタログの場合よりも上品な身なりで、この英語版カタログでも「マダム」という言葉をあえてそのまま使っている。

カタログでは、「フランスのマダム」が乗るおしゃれなクルマという、いかにもな感じの写真がロケで撮られている。左の写真はエッフェル塔をバックにしている。ちなみに左上の、表紙の写真はベルサイユ宮殿での撮影。

毛並みのよい大きな犬を後席に乗せている写真は、このカタログのハイライト的存在。「マダム、あなたのお役に立つようにアミ6はつくられています」とあるが、サイドビューであるためか仏語版でもこの写真は共通。ちなみに仏語版のコピーは「このAMIは、とてもパリらしい」となっていた。

写真はどれもクオリティが高く、アメリカのファッション雑誌で、パリ・モードの紹介のために撮られたかのような雰囲気。パリ発の高級ファッションが、戦後のアメリカでは一大ブームになっていた。各写真は、ストーリー性を感じさせるものとなっている。まず表紙写真で、この女性には夫と小さな子供がいることがわかる。パリやもしくはほかの街でのおしゃれな生活の様子が演出され、花屋でいかにも高価そうな花束を買い、セーヌ河岸らしきところで優美にくつろぎ、ゴルフを楽しみ、夜のコンコルド広場と思しきところにも姿を見せる。カバンを抱えて旅行に出るところのようなカットは、背景は高級住宅街を思わせる。各ページのキャッチコピーは、「快適」、「エレガント」、「実用的」、「メンテナンスが楽」、「運転しやすい」、「経済的」などとある。アメリカ仕様は丸形4灯ヘッドライトのほか、その下のウィンカーやバンパー形状、メッシュのステンレスグリルなどが仏本国仕様と異なる。カタログでは見えないがリアエンドも灯火類とバンパーなどが異なる。

1964年4月発行のアミ6のカタログ。表紙の写真など、これもいかにもデルピールらしいもの。やはり女性がクルマの横に写っているものが多い。市街で走るのにも、長距離のバカンスに出かけるのにも適しているとアピールし、それに合わせてか、フランスの（と思われるが）各地でロケしている。「今日我々はだんだんとクルマの中で過ごす時間が多くなっています」と言って、そこで室内の快適さをアピールしたりもしている。2CVの時代よりモータリゼーションが進展しているのがアミの時代だった。

このカタログは前頁と同じ1964年でも7月発行で、ほとんどが夏の風景のように見える。木の幹の向こうに顔半分だけクルマが見えているなど、これもデルピール制作らしい構図が目立つ。松が多い、南仏あたりの海辺を思わすような写真が多く、バカンスシーズンだけあって、水着姿の男女などカップルが撮られた写真が目立つ印象である。ところが実はほとんどが女性一人に焦点をあてて撮られており、やはりオーナーとして女性を重視している。左上の、丸テーブルで向き合う男女が手前に写っている写真も、よく見ると、画面奥にいる水色ストライプの服の女性が主役として撮られている。

1966年9月発行の英語版カタログ。制作はデルピールで印刷もフランス。最初の見開きは、当時最新モードに違いないガソリンスタンドが舞台で、現代文明の光景を描いたアメリカの画家ホッパーの油彩画を思わすような印象的な写真になっている。石油会社は、シトロエンと関係の深いトタル。

このカタログでは、女性とクルマだけのカットも1点入っているが、あとは家族で写っている。運転も夫が担当しているように見える。邸宅や子供の服装などを見ると、オーナー家族はやはりかなり裕福な設定といえる。もっとも説明文では、とりたててデラックスなクルマと言っているわけでもない。アミ6のダッシュボードは、2CVよりモダンでデラックスで、DSのものに近いデザイン。1964年にワゴン版のブレークが追加され、ブレークのほうが多く売れるようになった。ブレークは、事実上今日のハッチバック車に近いもので、コンパクトでありながら実用性に優れていた。

1967年9月発行のアミ6の英語版カタログ。時代の流れか、ポップアート調のカラフルなデザイン、写真で構成されている。通常のセダンもスペック紹介の頁で扱われているが、ほぼブレーク（エステートカー）だけを紹介している印象。すべてスタジオで撮られており、例によってセットに凝っている。ブレーク優先ということもあるだろうが、マダムの優雅なマイカーというイメージよりも、荷物がたくさん積める便利でオールマイティな存在で、家族向けや仕事用に重宝するクルマであることをアピールしている。

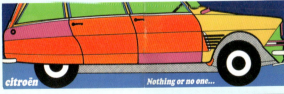

107

M. Quelqu'un est français. Il a 34 ans, deux enfants, une jolie femme et un chien. Il a même une voiture, vous allez voir.

1968年10月発行のアミ6カタログ。デルピールの制作で、映画作品のようにつくられている。タイトルは「アミ6での週末」。顔写真（部分のアップ）が載っている主人公のオーナーの男性はフランス人で「34歳、子供がふたり、美しい奥さんと1匹の犬。そのうえさらにクルマを1台所有する」。ストーリーではまず、彼はセダンと迷った末に、子供たちや週末のことを考えてブレークに決めた、と説明している。金曜日の19時というこのページのシーンは、仕事を終えて帰るところで、タイトな縦列駐車の列の中からスマートにクルマを出し、スタンドで洗車をし、ガソリンを入れる。ガソリンは涙一滴ほどのもので、燃費が良いのだと説明。一番右の列は、青信号のスタートダッシュで他車より前に出るという場面。ライバル車種であるルノー・ドフィーヌが相手役に起用されている。臨場感あふれるとともに、フロントマスク、ヘッドランプなど、アミ6の特徴が巧みに撮られている。左側の頁は、陽がだんだんと落ちて、金曜の夜を夫婦で過ごしているシーン。

Mme Quelqu'un est une mère de famille organisée. Le samedi son emploi du temps est minuté. Elle fait les préparatifs du départ, rassemble autour d'elle son petit monde.

Jean-François, l'aîné, turbulent et bon cœur.

Lisette, très mignonne, un peu gourmande.

Mirador, le chien, ne rêve que bosses et os.

Ami, copie conforme, est moins aventureux.

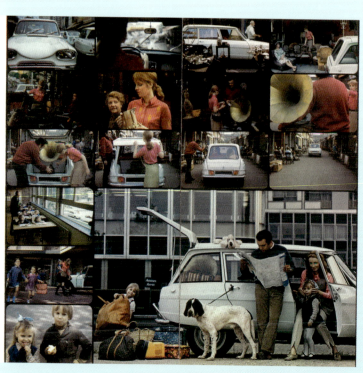

ここで初めて家族が紹介される。イメージをかきたてるためか子供（や犬や人形）にだけは名前を設定している。この見開きの上半分は、土曜日11時のシーン。夫人がアミ6を独り占めにしており、彼女にとって大切なときだという。その使い道が、ここではアンティークショップへ行って古い蓄音機を買うということで、いわゆる生活感よりは、こだわりのライフスタイルを感じさせるが、大物でもなんでも積めることがPRされている。16時30分には学校へ子供を迎えに行く。明日は田舎だ！というので、子供達はクルマに飛び乗って、後部座席で大はしゃぎ。アミ6は丈夫なことには定評があり、子供があばれても大丈夫。17時にはもう旅行の荷物を積み終わり、犬のミラドールでさえ所定の場所でくつろいでいる。この犬は振動がきらいで、快適なアミ6のサスペンションを気に入っている。

夕暮れをバックに田舎への道を家族を乗せて疾走するアミ6。キャプションでは、街道を行くのはアミ6にはお手のもので、驚くべきロードホールディング、120km/h以上が可能な動力性能のおかげで、アベレージ・スピードを高く保てると言っている。左上には小さく、目的地に着いた夜の写真。いかにも立派な暖炉の前で団欒を楽しんでいる。

日曜の朝10時。家族全員、よく眠って快適な朝を迎えた。写真で見るかぎり、市（マルシェ）にクルマで出かけている。お菓子屋で子供達が粘ってしまい時間をとったものの、アミ6は軽々と失った時間をとり戻した、などと書かれている。15時には、子供達がサッカーの試合を観戦。アミ6の屋根でサッカー観戦する子供２人を、超望遠レンズで撮った連続カットが印象的。この辺りなどは、この頃のある種のフランス映画を連想させるような情緒ある作品となっている。その後、街を出て、アミ6は山あり谷ありで、ときにコンディションの悪い道をひた走った。「アミ6は、まさに自由のツールです」。18時には突然雷雨に見舞われるが、ほかのクルマは濡れた路面で滑るのに、アミ6は違う。4輪に備わる慣性ダンパーのおかげで路面追従性がよいと言っている。

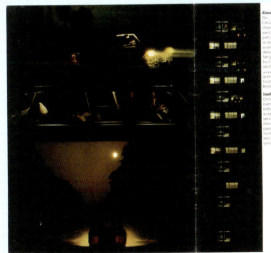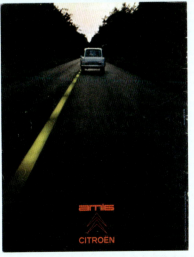

夜になっても道をひた走り、22時に家に着いた。アミ6のヘッドランプは道を照らし、安心感があった。ステアリングは正確で、ブレーキは優秀、前輪駆動のおかげでロードホールディングも良い。疲れないので、いつまでも運転できる。家に着いてから荷物を降ろすのも静かにできたが、それは大きなテールゲート付きボディのおかげ。家の窓の連続写真は、クルマが家に着いてから、2階の電気を付け、最後には消して寝る、というもの。そして月曜日8時30分、右側の写真では、クルマがスモールランプを付けて走り出すところから始まっている。通勤途中にまたスタンドに寄って、洗車機で週末の汚れを落とす。洗車機はこの頃普及した画期的なものだったのか、2度も出てくるが、ガソリンもまた涙一滴ほどの補給ですみました、と落ちにしている。最後は通りに路上駐車してオフィスへ。フランス映画でおなじみの「fin」で終了。裏表紙ではフランス特有の直線路を走り去るアミの後姿。

1969年7月発行のアミ8の英語版カタログ。アミ6はこの年4月にアミ8に進化。フロントマスクが洗練されて、ふつうにモダンなものになり、ルーフ形状もスマートなファストバック・スタイルになった。ただ後部の荷室はトランク方式のままで、ひき続きハッチバック車的な役割はブレークが担った。ダッシュボードのデザインも変わり、さらにモダンになった。

1975年8月発行のアミ8／シュペールのカタログ。1973年1月に加わったシュペールは、GS用のフラット4（1015cc）を積んで、シャシーも強化していた。外観はほぼアミ8と同じで、グリルまわりが若干異なる。写真のシャシーはシュペールで、GSと同じ4気筒エンジンとギアボックス＆フロアシフトや前後アンチロールバーは専用装備だが、シャシーの基本は2CVと共通。2CV系独特のサスペンション構造がよくわかる。前後ともテレスコピックダンパーだが、これは2CVにも採用された。前後サスペンションを結ぶ筒はカットされて内部のスプリングが見えており、2CVのものと同じに見えるが、このカタログではシュペールに限っては「前後関連式」とは書かれていない。アミ8の場合は1976年9月から、「前後関連式」をやめて固定式になったとされる。アミ・シュペールは1976年2月で生産中止になる。

1973年8月発行のアミのカタログ。ラインナップは8とシュペールだが、ブレークにスポットをあてているのがこのページで、2CVで定番だったピクニック場面のアミ版というべきもの。2CVより上級車種だけあって、少しメルヘンチックに演出されており、積み荷としての小道具も絵になるものが選ばれている。父親の赤帯の麦わら帽、母親の日傘、量産品のバゲットではない伝統的なパン（カンパーニュ）など、こだわりのあるライフスタイルの家族として描かれている。

● ディアーヌ ●

1967年7月発行の英語版カタログ。デルピール制作で、フランスで印刷。ディアーヌは同年同月に発表された。長い説明文には、ディアーヌは2CVとアミ6の間のギャップを埋めるもので、両方の技術を流用している、などと書かれている。内装は2CVよりも充実し、モダンになった。テールゲート付きであることは重要なアピールポイントで、その写真も目立つ。ルーフは室内から開けることができる。また、後席は取り外し可能か、もしくは折り畳み可能タイプがオプションで選択できると書かれている。

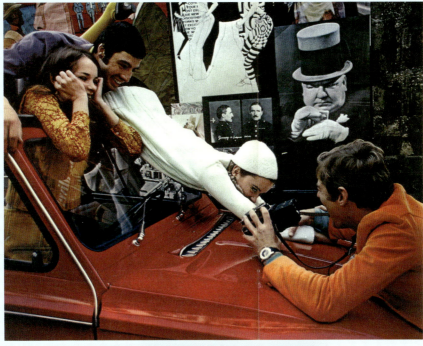

1968年10月発行のカタログ。ポップアート全盛の時代らしい、にぎやかな画面になっている。この上と右の頁の写真は、デルピールらしいというべきか文化色の濃い内容で、1960年代のこの時期の典型的なファッションやイラストの類が見られる。背景のポスターにはなぜかローレル＆ハーディが登場。チャップリンと同時期のアメリカのスラップスティック・コメディ映画の2人組で、フランスで人気があった。ボンネット上に身を乗り出すオレンジ服の男性が持っているのは2眼レフカメラ。1960年代的な解放の雰囲気は2CVのカタログでも同じだが、ディアーヌを乗り回す若者は、映画やアート、写真などにうつつを抜かしており、もっと"ハイクラス"な設定といえる。「ディアーヌは並外れて美しいわけではありません。それは小さなクルマとしては思い上がりというものです。しかしディアーヌは楽しいクルマで、オリジナリティがあり、親しみやすく、生き生きとしています。ほかのクルマとは違います」、などと書かれている。

Dyane 6 est une vraie quatre
places large et confortable.
Elle aime la vie de famille.
La souplesse de sa suspension,
la douceur de ses sièges
conviennent aussi bien
aux bébés qui s'y endorment
qu'aux aïeules qui s'y
réveillent. Sa cinquième porte,
à l'arrière, ouvre dans
toute la hauteur et toute
la largeur de la voiture.
Elle est pratique
et transporte sans rechigner
les charges les plus encombrantes.

Robuste et peu exigeante,
Dyane fait à peu de frais
les beaux jours des jeunes
couples qui rêvent d'air pur,
de vertes pelouses et d'escapades
en forêt. Elle sait
se conduire dans la vie
comme elle sait se conduire
sur la route : elle consomme peu
(moins de six litres aux
cent kilomètres) et ne requiert
pratiquement pas d'entretien.
Elle est maniable et a
bon caractère : elle démarre
au quart de tour par tous
les temps, son refroidissement
à air la met à l'abri
des rigueurs atmosphériques
et élimine les risques de pannes.

この写真では、子どもとロバが登場。シトロエンらしい愛らしさが出ていると同時に、この家族はやはりある程度裕福に見える。解説には「ディアーヌは家族の生活を愛するクルマで、しなやかなサスペンションやソフトなシートは、寝付く赤ん坊にも、目覚めたおじいさん、おばあさんにも好都合です」、などと書かれている。しかし「ディアーヌは、澄んだ空気、緑の芝生、森への逃避行、などといった若いカップルの夢を、少ない費用で実現します」、などとも書かれている。

ここでは、当時のミュージカル映画か、ある種のアパレルメーカーのCMを思わすようなコスチュームが目立つ。山岳地帯のリゾートなのか、石垣の上にあるレストランの前に、白いディアーヌで乗り付けたという感じの設定。犬は2匹出演している。左側頁では、コクピットの写真は、ワイパーが広く拭きとると説明している。その下左の写真では、ロックを外して幌を開けるというふたつの動作だけで、室内から屋根を開放できると説明。その右の写真にあるように、幌はルーフ最後部まで巻いて、2ヵ所を帯紐でとめて固定する。

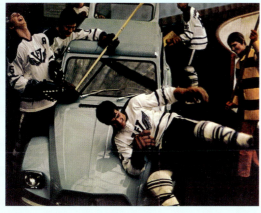

同じカタログの続き。説明文では、ディアーヌはスポーティーだと謳っている。路面を選ばぬ走破性や、前輪駆動の優位性、足回りの良さ、動力性能など、走りの性能について説いている。写真はスポーティーということなのか、アイスホッケーがテーマ。大衆的競技のサッカーなどよりは、ある種エリート的なニュアンスがあるかとも思われる。

左は1967年、右は1968年のダブルシェヴロン誌。右の写真は、左頁下のカタログの写真と同じときの撮影。縦長の画面に合わせて、構図が切りとられている。

DYANE 4:
Moteur 2 cylindres
à plat 435 cc (68,5 × 59)
à refroidissement à air,
rapport volumétrique 8,5.
Puissance effective
28 Ch SAE à 6750 tours.
Couple maxi SAE
3,1 mKg à 4000 tours.
4 vitesses
+ marche arrière.
Couple conique 8 × 33.

DYANE 6:
Moteur 2 cylindres
4 plat 602 cc (74 × 70)
à refroidissement à air,
rapport volumétrique 8,5.
Puissance effective
33 Ch à 7000 tours.
Couple maxi
SAE 4,3 mKg de 3500
à 4000 tours.
4 vitesses
+ marche arrière.
Couple conique 8 × 33.

1968年秋から69年初頭の間の発行と思われるカタログ。表紙にはディアーヌ6の文字があるが、ディアーヌ4も扱っている。ディアーヌは登場後間もなく、602ccのディアーヌ6と、425ccのディアーヌ4の2グレードになったが、ディアーヌ4は1968年3月に435ccに拡大され、ディアーヌ6は1968年秋のパリサロン時に、33psのアミ用エンジンを積むようになった。このカタログはおそらくそのとき制作されたもの。前頁のカタログと同じ撮影のカット違いのものも多く使われている。相変わらず当時の典型的なコスチュームが目立っている。

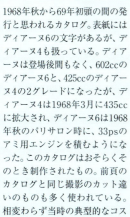

113

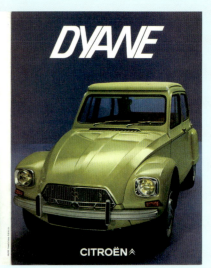

1969年8月発行のドイツ語版カタログ。デルピール制作、フランスで印刷。ディアーヌの車体は2CVと基本はよく似ているが、はるかに現代的感覚のデザインとなっている。独立フェンダーであるのは2CVと同じでも、ヘッドライトは埋め込み式で、グリル形状もモダンなものになった。ボディ各所のプレスラインの入り方などは、現代の最新のクルマとあまり違わない感じもある。スタイリングは、パナールのデザイナーが関与したといわれる。フラットツイン・エンジンのカットモデルの写真も掲載されている。

このカタログはおそらく同年秋に発表される1970年モデル用に制作された。1970年モデルのディアーヌは、リアクォーターウィンドウが追加された。ディアーヌは2CVと違って、1960年代の流行に沿うように直線基調でデザインされており、ルーフも平面的である。

1970年頃のディアーヌのカタログ。DELPIRE ADVICO制作とある。これは表紙と裏表紙。表紙のコピーは「ディアーヌは30のタイプの自動車ユーザーのためにつくられています。—さらにそれ以外の人のためにも」。イラストは、表紙の場面を後から見たのが裏表紙。中央に新郎新婦がおり、よく見るとどちらも犬が画面一番手前に描かれている。クルマの下には猫が隠れている。

表紙のコピーを受けて、カタログは、ディアーヌがどんな人のためにつくられているのか、箇条書きで説明していく。左上のイラストは、"ボンネットを開けたがらない人"。エンジンルームではなにごとも起こらず、エンジンは粛々と5750rpmまで回る、とある。その次は、"前輪駆動が後輪駆動より優れていると考えている人"、次いで、"長距離も街中も走る必要がある人"。4速ギアのおかげで楽に走れる。見開きの大きなイラストは、"追い抜かれるのがいやな人"。ディアーヌは今120km/hで走っています、とある。後のトラックと乗用車にあおられ気味の状況に見えるが、抜かれはしない、ということらしい。この頃フランスではオートルートの延長距離が飛躍的に伸び始めていた。すぐ右にはすれ違うDSが描かれている。右上の、両手に工具の人のイラストは、"クルマの故障などで煩わされたくない人"。602ccエンジンは実績があるので点検など必要ない、電装系は超シンプル、DCダイナモはオルタネーターに換えられているのでバッテリーは常にフル充電で、クルマはいつでもすぐに始動する、などと書かれている。

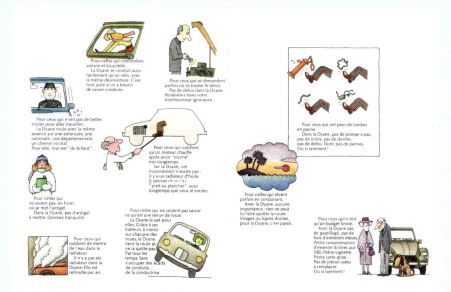

左頁では、牧師が運転しているイラストは、"通勤路が悪路の人"。ディアーヌは、オートルートも、国道も県道も村道も、楽に走れる、とある。その下は"冬の不凍液の入れ場所がわからない人"、"冷却水を入れるのを忘れる人"。いうまでもなく、空冷なので冷却水が不要ということ。一番上の中央は"自動車と自転車を混同する人"。ディアーヌは、自転車のように簡単に運転できる、と言っている。その右の、懐中電灯でエンジンルームを覗く人の図は、"ディストリビューターがどこにあるのかと、不思議に思っている人"。2CV系のエンジンは点火装置が独特で、通常のディストリビューターがない。その下は"長時間まわして走るとエンジンが熱くなるということを忘れる人"。ディアーヌはオイルクーラーが付いているので、アクセルペダルを床まで踏みつけたまま、好きなだけ長時間走行できます、と言っている。その下は"ロードホールディングがなんであるか、わかろうとしない人"。慣性ダンパーを各輪に付けたディアーヌは、路面に追従するので、運転がうまくなくても心配がない、とある。右頁の上は"故障を心配する人"。ウォーターポンプ、ラジエターホース、ディストリビューターなどがないので故障がほとんどないと言っている。その下の南国の島の絵は、"運転しながらしばしば夢を見る人"。これは走行安定性がよいので、道を外れることがないということ。一番下の老夫婦のイラストは"予算が限られている人"。燃料代、税金その他、維持費が安いと言っている。

115

子供がたくさんいる母親のイラストは、"クルマに経費をかけたくない人"で、理由は前述のとおり、とある。その右は"駐車場所にいつも悩まされている人"。ディアーヌは全長3.87mで小さい。その下は"ピクニックが好きな人"、"髪を風になびかせたい人"、と続く。右側頁のドアのイラストは、ひとつは"フロントドアの窓が大きく開くのを望む人"。2CVは原始的な跳ね上げ式だったが、ディアーヌはスライド式が採用された。もうひとつは"雑多なものを持っている人"で、ドアポケットにいろいろなものを詰め込んでいる。一番下のイラストは"仕事でいろいろなものを運ぶ人"。ペンキの缶、工具、野菜や鳥を運ぶ籠、兎を入れる籠、荷物、などと例をあげている。テールゲートは大きく上まで開き、1340cm³の容量があり、オプションでリアシートを外すこともできる、とある。

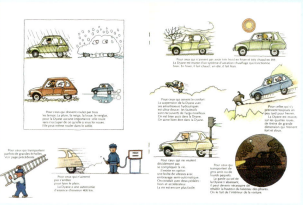

リストはまだ続く。左側頁は"どんな天候でも走らなければいけない人"、"大きな梯子を運ぶ人"、"給油のために止まりたくない人（航続距離は約400km）"。右側頁では"冬に寒いのと、夏に暑いのがいやな人"、"乗り心地が良いのを好む人"、"ブレーキを踏むのがいつもちょっと遅い人"。左下の青信号で発進している図は、"人生でめんどくさいことが絶対にいやな人"。オプションで2ペダルのみで走れるセミオートマチックが選べる、と言っている。その右は"大柄な友人や重い荷物を運ぶ人"。ヘッドランプの光軸を室内で調整できることを言っている。

このカタログでは、インテリアの紹介まで、すべてが写真でなくイラストとなっている。この田舎の風景を走る絵の頁では、「最後に」と言って、ディアーヌの核心的なことについて語っている。「クルマに対してよりも、散策に対して思い入れがある人。気張らずに運転したい人。初めて自動車を手に入れた人。不安が少しもないクルマの運転を楽しみたい人。シンプルな自動車を運転する素直な喜びを再発見したい人。クルマを家電製品のようなものと見なしている人。人生（生活）を助けるための、車輪付きの機械です。ディアーヌ万歳！」。"ファン・トゥ・ドライブ再考"とか、"脱・若者のクルマ離れ"を言っているようでいて、同時に"クルマ離れ"の先どりのようなことを言っているのが興味深い。

1971年9月のディアーヌのカタログ。表紙は、都市部と思しき道路を走るディアーヌ。

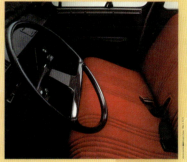

車体の細部を撮った写真を並べてデザインした頁などは、デルピールらしく感じられる。スペック情報は435ccのディアーヌも掲載されているが、602ccのディアーヌ6が主体。最高速はディアーヌが104km/hに対し、ディアーヌ6は120km/hで、そのデータには（2名乗車＋50kg）と注が付いている。

73頁と同じ1974年8月発行の2CVとディアーヌの合同カタログ。この年の9月から、グリルはプラスチック製となり、意匠が水平のバーになった。

同じカタログでの2CVとほぼ同じ部位を撮っており、違いがよくわかる。ルーフ構造などは基本は2CVと同じだが、よく見ると幌などはディアーヌの方が上質感がある。ステアリングスポークは1本になっている。左下の写真はリアドアのハンドル部分。

1975年の広報写真。ディアーヌ6。おそらくフランスで撮影されている。黒い壁の建物がバックで、通行人の目立つ2人が黒づくめの服装であるのは、演出かとも思える。2CVではありえないシックな雰囲気の写真になっている。

76頁と同じ、1975年8月発行の2CVとの合同カタログ。下位モデルのディアーヌがカタログから落ちて、ディアーヌ6のみが載っている。逆にこのとき2CVは車種を増やしている。側面図は、2CVとは違って、尻上がりの姿勢になっていない。

80頁と同じ、1976年10月発行の2CV／アミとの英語版合同カタログ。英国での制作。車名は「ディアーヌ・ウィークエンド」となっている。どこか駅前の園芸の市の光景のようで、美しく撮られている。コピーは「自動車メーカーはますます、リアに5番目のドアを持つというディアーヌ・ウィークエンドの方式を採用するようになっています」。ハッチバックボディ形式は、必ずしもディアーヌが先駆者ではないが、フランス車がいちはやく普及させたもので、この頃には英国にも普及し始めていた。

室内や荷室、ルーフを開けたところなどの写真を、フランスのカタログよりは即興的に撮影している。市に売っているかぼちゃなどを小道具として使ったようにも見える。

81頁と同じ、1977年8月発行の小型シトロエン各車の合同カタログ。このカタログはアフリカのサバンナを筆頭に、砂漠や草原を舞台にしているが、ディアーヌの紹介頁だけは、雪山を背景にしている。コピーは「末の妹（2CVのこと）と同じ血統であり、彼女と同様に大胆ですが、もっと速く、もっとパワフルです。ディアーヌ6はいつもより遠く、より高い所へ行くのを好みます」などとある。セゲラの制作になり、コピーも少し劇的な調子になっている。

82頁と同じ、1978年7月発行のカタログ。フルニエ作の漫画は、2CVでは雪男などが出てきたが、ディアーヌ6はもっと上等な内容で、非常にフランス的。冒頭は、狩猟にやってきた夫婦。狩猟というだけで、既に上流階級であることが暗示される。うさぎがそこらでのんきな顔で見物しているが、獲物がなく不機嫌な夫。「大臣主催のディナーには、君のこの、こいつでは間に合わない……」と文句をいうと、妻は、"クルマ"と言おうとしない夫に向かって、「私のクルマ！さあ、ぶうぶう言ってないで、乗りなさい」。それに対し「クルマ、クルマ！」と大笑いし、「こいつをクルマというのか君は？」。夫人はショートカットして道なき道をぶっとばして走り、旦那は肝を冷やす。そして「シートが快適だからまだよかったな。サスペンションもそれほど劣悪でもないな」と、消極的にほめ言葉を発する。やっと街道に出ると、「首尾は非常によいけど、やっぱり遅れるだろうな」と夫は言う。家に帰って着替える必要があるからだが、妻は「大丈夫よ」と言って、後に積んでいるカバンを開けて着替えるように言う。夫はキャンバストップを開けて、立ち上がって車内で着替える。右頁に移り、後から追い抜いて行くイタリア風に見えるクーペの乗員は、このクルマじゃ、あれはまねできないと言っている。その後、運転を交代して妻も着替えを済ませる。サンバイザーの鏡で化粧もするが、夫は「鏡を付けたのかい？！なんてこった！しかし鏡さえ付いていたら、一人前のクルマと言えたんだがねえ」、「標準で装備されているのよ。なにを言ってるの」。雨で車体の汚れも無事落ちたものの、夫は最後まで気乗りのしないまま会場に到着。出席者の男性が夫人に向かってうやうやしく「お会いできて光栄です、バリュション夫人、謹んで申し上げますが、ご主人は私の仲間や私と同じ賢明な考えをお持ちだったようですな。ディアーヌ6は、田舎と社交界を結ぶのには最良のものですからね」。「おっしゃるとおりですわ、官房長官」。駐車場に停まっているのは、すべてディアーヌだった。最後のコマで官房長官は「ここだけの話ですがね、バリュションさん、この考えというのは、はじめは私にはひどく突飛なことに思えたのだが、妻にさとされたのですよ」。「ここだけの話ですが、私の場合も同じなんですよ」。上層階級の女性御用達のセカンドカーとしての姿を、フランスおきまりの女性上位的ユーモアで描いている。

Comme sa cousine la 2 CV, la Dyane 6 aime l'aventure, mais elle est plus nerveuse et peut-être un peu plus sophistiquée.
Elle est équipée de freins à disque à l'avant.
Comme toujours, sa carrosserie a de belles couleurs, elle est équipée de glaces coulissantes à l'avant, et sa capote à deux positions d'ouverture présente bien des agréments.
A l'intérieur, la Dyane 6 possède une banquette avant coulissante ou, en option, des sièges avant séparés à réglage longitudinal. Les commandes principales sont au bout des doigts, groupées sous le volant à deux branches garni de mousse.
De larges vide-poches sont disposées dans les portes avant.
Le coffre est facilement accessible, grâce à la 5e porte, et pour ne pas l'encombrer, la roue de secours a été placée à l'avant, sous le capot moteur.
L'option "banquette arrière rabattable-plancher arrière" permet également de la transformer en break sans pour autant lui enlever de son élégance.

Le véhicule présenté ci-dessus est une DYANE 6 équipée des options : "Sièges avant séparés revêtus de tissu jersey" et "Banquette arrière rabattable - Plancher plat".

前頁と同じカタログ。「いとこである2CVと同様に、ディアーヌ6は冒険旅行が好きですが、もっとパワフルで、多分もう少し洗練されています」などと書かれている。ディアーヌは2CVと違って、スペアタイヤをエンジンルームに収めており、後部のハッチを開けるとフラットに近い床が現れる。

DYANE 6
Peut-on le lui reprocher?
La DYANE 6 aime se démarquer et rappeler qu'elle a le goût du raffinement. Sans pour autant prendre ses distances. Car elle n'oublie pas d'être avant tout facile à vivre.

Cinquième porte.
Roue de secours placée sous le capot moteur.
(Coffre totalement disponible).
Volume utile du coffre : 343 dm³.
Avec option « Banquette arrière rabattue et plancher de coffre plat » : 980 dm³.
Pas de seuil de chargement.

DYANE 6 avec option «Banquette AR rabattable et plancher de coffre plat».

88頁と同じ、1981年7月発行のカタログ。ディアーヌでは、アウトドアでも、ルアーを使ったフライフィッシングなどという、少しスタイリッシュな趣味に興じている。ダッシュボードにはルアーなどが無造作に置かれている。やはりテールゲートを持つ便利さもアピールされている。

Acadiane

Die Acadiane ist ein Nutzfahrzeug. Gleichsam der arbeitsame Bruder des ewigjungen 2 CV und der schönen Schwester Dyane.

Waren Sie bislang in einem Nutzfahrzeug unterwegs, dann ist es Ihnen kaum passiert, daß Sie ständig von Passanten, Tankwarten und Autofahrern nach Einzelheiten über dieses nützliche Gefährt gefragt werden. In der Acadiane bleiben Sie so unbehelligt nicht. Selbst wenn Sie den Laderaum voller Farbtöpfe und das Dach voller Leitern haben, ist der Charme der Acadiane offensichtlich so durchschlagend, daß die Leute mehr darüber wissen wollen.

Und es sind Leute, die niemals mit Farbtöpfen, Saatkartoffeln oder Blumenerde unterwegs sein werden. Sie vermuten im Arbeitstier Acadiane das genaue Gegenteil, das Freizeitinstrument. Das Zelt rein und die Schlafsäcke. Und auf das Dach den Windsurfer. Auf und davon. Dorthin, wo es nicht nach Arbeit riecht. So überrascht es nicht, daß es inzwischen Ausbaufirmen gibt, die die Acadiane zur Reise-Ente umbauen, zu einem Minwohnmobil. Wenn Sie das interessiert, dann erfahren Sie mehr darüber von Ihrem Citroën-Händler.

Die Acadiane ist für ein Fahrzeug dieser Hubraumklasse ungewöhnlich robust. Bedingt durch den Längsträgerrahmen, das Querschott hinter den Frontsitzen und die hinteren Radkästen, die gleichsam als Doppelwand des Laderaumes in den Karosserieaufbau integriert sind.

Die Acadiane kann unglaublich viel schleppen, im Vergleich zu ihrem günstigen Eigengewicht. Und wenn Sie die Zuladung von 400 Kilo nehmen, dann ist das schon eine ganze Menge. Nur müssen Sie der Acadiane dabei zugute halten, daß sie nach Pkw-Meßgepflogenheiten 475 Kilo sind. Die Acadiane wird als Nutzfahrzeug eingestuft, und da wird das Gewicht eines Fahrers von 75 kg gleich dem Leergewicht dazugerechnet. Was bei Personenwagen nicht der Fall ist. Wenn Sie also lesen, die Acadiane wiege fahrfertig volltankt von amtswegen 755 kg, dann sind es, wenn Sie die Pkw-Regel anlegen, nur 680 kg. Und das ist bei der robusten Bauweise und der großen Transportkapazität erstaunlich wenig.

Sobald Sie die zweiflügelige Hecktür mit den beiden großen Rückfenstern öffnen, blicken Sie in einen respektablen Laderaum, der 2,27 Kubikmeter faßt. Die Ladefläche ist 1,61 Meter lang und zwischen den Radkästen 97 cm breit. Darüber erweitert sich dieser fahrende Raum auf eine Breite von 1,41 Meter. Und in der Höhe haben Sie 1,16 Meter zur Verfügung.

Schließlich ist die Acadiane unglaublich genügsam. Nach DIN 70300 (Vergleichswert) verbraucht sie bei Tempo 90 gerade 7,2 Liter Super auf 100 Kilometer. Nützlich für ein Nutzfahrzeug.

86頁と同じ、1981年1月発行のドイツ語版カタログ。ディアーヌとともにアカディアーヌが掲載されている。アカディアーヌは、2CVフルゴネットの後継モデルとして1978年3月に登場。2CVフルゴネットの長尺ボディであるAK系列の荷室と、ディアーヌの前半部を組み合わせたような成り立ち。ホイールベースは延長されて2535mmある。

アカディアーヌの1978年の広報写真。デザイン家具の量販店Habitat（ハビタ）の建物の前で撮影されている。ハビタは、1964年にテレンス・コンランがロンドンで第1号店をオープンしたチェーン店で、1973年にフランスに進出した。

1983年のアカディアーヌの広報写真。シトロエン社のコンテナの前で撮影されている。ディアーヌのボディサイドが、いかに立体的で彫りが深いかがわかる。

メアリ

1969年8月発行の英語版カタログ。デルピール制作。車名は"ディアーヌ6メアリ"となっている。メアリは樹脂専門メーカーの提案から市販化された。ディアーヌ6のシャシーに載る車体はABS樹脂製。企画当初は作業用車として考えられたが、当時ブームになっていたレジャービークルとしても売り込まれることになった。1968年5月に発表された。初期のこのカタログは表紙写真こそヨットハーバーで優雅だが、比較的シンプルに作業用車両として紹介されている印象。

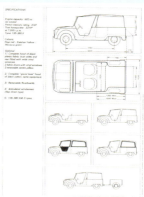

ここではABS樹脂について説明している。ABSは熱可塑性で、成型前の原料に着色できるので塗装工程が省略できる。メリットとして、傷が目立たない、多少へこんでも元に戻る、場合によってはパネルを交換できる、525kgと軽量なので、33馬力に対して、馬力荷重が優れる、などと書かれている。積載重量は400kg。クロスレシオのギアボックスを持ち、2CVゆずりの足回りのうえに軽量なため、悪路走破性に優れていた。

1970年9月発行のカタログ。水色のクルマは、1968年5月のプレス向け発表時のもので、当時まっただ中であったフラワームーブメントの衣装が見もの。発表は、フランス版学生運動の5月革命の最中のことで、2CV以上にオンタイムに「自由」のクルマとして生まれた。カタログでは、想定ユーザーが列記されている。「農家の人が、キャベツや雌鳥や子牛を運ぶのに」などの仕事の例から始まり、「若い新郎と、たなびくヴェールの若い新婦」、「紳士と婦人と、彼らが週末毎に田舎の家へ持って行くもの全て」、「砂漠の道を行くような人々」などと続き、ほぼ2CVの伝統に沿っているが、最後は「クルマにうんざりして飽きてしまった人」と、現代的ユーザー像で締めくくっている。

66頁と同じ1970年の総合カタログ。前頁下のカタログ内と同じ写真を裏焼きで使っている。これも当時風モードの身なりの男女が、海沿いの保養地に来ているような設定に見える。メアリは、廉価な2座仕様でもディアーヌの上級グレードとほぼ同価格だった。最高速は114km/hと書かれている。

左下のカタログの"ヒッピー・グループ"と同じ、1968年5月プレス発表会場での写真。発表会は数台のメアリにそれぞれ女性モデルが組になり、車両と人間のコスチュームプレイで、想定されるメアリの使用用途を演じるという趣向だった。写真は、ひとつは伝統的な田舎生活を演出したもので、ある意味では2CV的世界ともいえるもの。もうひとつは会場のゴルフ場内に仕立てたコースを走っているもので、この赤い車両は消防車という想定で仕立てられており、写ってはいないがこれと組になる女性モデルは当時パリコレクションで話題になった宇宙ルックのような衣装の消防士という具合だった。会場はドーヴィルで、上流階級のバカンスの本拠地のような場所。メアリは、生活に役立つ実用車であるいっぽう、遊びグルマとして裕福なユーザー向けにアピールされた面もあるようだった。

1970年発行のカタログ。印刷はUSAで、アメリカ市場向けのもの。世界初のABS樹脂製ボディのクルマと謳っている。分割式のボディパネルや、車体の構造がわかる。

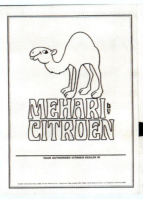

アメリカの「ROAD TEST DUNE BUGGY」なる雑誌の、1970年1月号の試乗記事を冊子にした広告資料と思われるもの。アメリカでの販売期間は短いようだった。メアリはヒトコブラクダの一種。

ビーチカーの本場というべきアメリカになじむように見えるメアリ。ナンバープレートは、ニューヨークやフロリダのもの。ABS樹脂の説明の箇所では「Borg Warner Cycolac」とあり、登録商標のマークが付いている。黄色いラクダのイラストは、車体にもステッカーが貼られている。

123

82頁や119頁と同じ、1978年7月のカタログ。メアリの場合また風変わりなストーリーになっている。アフリカの村が舞台で、象が椰子の酒を飲んだらしく、瀕死の状態だから急いで医者のところへ運ぶというので、メアリが出動、おきまりのショートカットで道なき道を行き、最後に間に合うという話。重い象を運んでしまえることや、道中でサスペンションが働くことなどで、メアリの性能がアピールされる。最後のコマで、医者が「君の友達は妙なクルマに乗っているな」というと、道案内に同乗した緑服の人物が「よくわかりませんね、クルマなのか、トラックなのか、潜水艦なのか、ラクダなのか、船なのか。とにかくおもしろいですよ」と答えて終わる。

1985年3月発行のリーフレット。RSCG制作。メアリ・アジュールは1983年4月に、2CVフランス3とともに限定モデルとして発売され、好評のためその後カタログモデル化された。フランス3のようにアメリカスカップ応援の目的はないようだが、似た雰囲気のカラー。アジュールとは海や空の青の意。コートダジュールのリゾートを連想させる。コピーの "TOIT & MOI" は「屋根と僕」の意で、「君と僕」(TOI & MOI)にひっかけた言葉遊び。それに続く裏の頁のコピーは「僕、屋根なし！」。ちなみにサルヴァトール・アダモのヒット曲 "SANS TOI MAMIE"(サン・トワ・マミー)は、「恋人よ、君なしでは」の意。

84頁と同じ1980年8月発行のカタログ。前の頁と同様の若者グループが登場している。メアリとメアリ4×4を掲載しているが、4×4は1979年9月に発表された。ボンネット上にスペアタイヤを装備したのは2CVサハラと同様で、リアデフがあるため燃料タンクの位置がFFモデルと異なり、ダッシュボードには多数のメーターが並ぶ。最大積載重量は400kgで、フル積載で60％の坂を登坂可能だった。メアリは1978年にグリルのデザインを変更し、フロントをディスクブレーキ化している。

● 2CVの冒険やプロトタイプなど ●

多くの若者が2CVで冒険旅行に挑んだ。最初に注目されたのはパリのシトロエン販売店スタッフのミッシェル・ベルニエだった。1952年に友人とともに1万4000km近くを走り、地中海1周に成功。その後「ル・カップ・アルジェ」のラリーレイドを完走後に、その足でオスロからモナコまでのルートで、モンテカルロラリーを完走してみせた。リヨンの冒険家ジャック・コルネは、1953年に南北アメリカを縦走したが、彼の場合もカナダから米大陸南端のフエゴ島まで達してもそこで終わらず、リオデジャネイロから大西洋を渡って、今度はダカールからサハラ砂漠を越えてスペインを通過しパリまで戻った。全行程約5万1000kmで、途中ボリビアで自動車での最高記録となる標高5420m地点まで上った。この写真はその旅で使った車両。標高が上がるにつれエンジンパワーが落ち、最後は相棒や荷物を降ろしたうえに、ドアやフェンダーを外して軽量化した。彼はその後1956年夏から57年にかけて陸路でパリ-東京を往復。日本では富士山の麓に長期滞在したという。

2CVの冒険旅行が次々と企てられ、1957年からシトロエン社は、2CVによる世界一周の冒険旅行に対する賞を設定した。表彰者は、初年度は上述の日本にやってきたコルネで、ジャック・セゲラも1959年に賞を獲得した。どこかの塩湖らしき場所で撮られたこの写真は、1966年の受賞者フィリップ・ジェンティのクルマ。彼は広告デザイナーで、マリオネットを携えて、行く先々で実演したりしながら、4年かけて世界をまわり、約13万km走った。車体には協力企業と思しきロゴがたくさん貼られ、ダブル・カルダン・ジョイントのグレンツァー・スパイサーの文字も見える。リアには「左ハンドル」のサイン。

世界一周の賞は1970年までで廃止され、かわって1970年からシトロエンは3回、2CVのためのラリーレイド・イベントを主催した。2CVの広報活動の立役者ジャック・ヴォルジャンサンジェが発案したもので、2CVが再び飛躍的な増産に向かったのと時期的に合致していた。ラリールートは戦前のハーフトラックの"巡洋艦隊"をトレースするもので、最初は1970年の「パリ-カブール-パリ」。トルコ、イランなどを通過してアフガニスタンまでのルートを往復、トータル1万6500kmを28日間で走破した。

1971年には、イランにあるかつてのペルシャ帝国の首都を目指す「パリ-ペルセポリス-パリ」、そして1973年には「アフリカ・レイド」が開催された。写真はアフリカの砂漠を行く2台の2CV。コートジボワールの首都アビジャンからチュジニアの首都チュニスまで、西アフリカを縦走した。

ラリーレイド開催に続いて、シトロエンは、1972年からは2CVによるワンメイクのラリークロス・イベント「2CVクロス」を企画した。ダートで競い合う賑やかなレースは2CVのキャラクターをうまく活かして盛り上がり、ヨーロッパ全土に広がりを見せた。

1970年の「パリ-カブール-パリ」、パリ近郊でのスタート風景。シトロエンの予想をはるかに超える応募があり、1300人の若者が参加。台数は494台だった。2CVのほか、ディアーヌ、メアリも参加している。

1968年に初めてフェルテ-ヴィダムで発見されたTPV。女性モデルがポーズをとって、広報写真として撮影されたもののひとつ。まだほとんどレストアされていない状態で、鉄製と思しきフェンダー部分の赤錆などがわかる。ボディ側面などほとんどはアルミ合金製で、量産先行モデルのためか、板が薄いためか、製造当初からたわみが出ているようだった。

1973年6月のルマン24時間レース会場での展示。1968年に見つかった車両がきれいにレストアされてダークグリーンに塗られている。右奥は10～11月開催の「アフリカ・レイド1973」をPRする展示で、展示の車両は事前にコースを試走したもの。「2CVの25年」の文字も見える。

1973年に市販化が検討されていたという「2CV POP」。1977年に展示された。トラクシオンアヴァン風のフロントノーズや、カブリオレ風のソフトトップ、スペアタイヤを背負ったトランクなどが特徴。1930年代風に仕立てたということでは、後の2CVドーリーやチャールストンに通ずる。

1950年代後半に、アンドレ・ルフェーヴルが主導して、未来の2CVを模索する一連の試作車が製作された。これはC10と呼ばれる車両で、2CVのメカニズムをベースに、軽量で空力的なボディを載せたのが特徴。

シトロエン工場があったイギリスでは、2CVが不評だったので、オリジナル・ボディの「ビジュー」を市販化した。FRP製ボディはロータス・エリートを手がけたデザイナーによるもの。200台あまりがつくられただけで不成功に終わった。

2CVの60周年を記念して、2008年パリ・サロンで発表された、エルメスが改装した特別モデル。内装は上質な皮革で仕立てられている。

2008年には60周年のイベントとして、パリの科学産業博物館で「2CV EXPO SHOW」が開催された。

1950年型の量産最初期の2CV。最初のボディカラーは、意外にもメタル調のグレーだった。後方には2CVスポットが見える。

初期の2CVの質素なイメージにいかにも合う、ソリッドのグレーに塗られた3台。ソリッドになったのは1952年の途中からで、1959年途中までソリッドのグレーのみだった。真ん中の車両はトランク付きの「AZLP」。先頭の「A」と比べると、リア部分がかなり異なる。

■2CV関連年表

年	月	2CVの変遷／トピック
1936	—	この頃TPVの開発が本格化
1939	—	250台のTPV量産先行車の生産進む
	8	8月28日付けで「2CV.A」が型式認可
	9	**第2次大戦勃発**、TPV発表は延期
1944	8	**パリ解放**
1948	10	パリサロンで2CVを発表
1949	7	2CVの生産開始
	10	パリサロンで2CVエンジンルーム初公開
	11	2CV納入開始
1950	10	2CVフルゴネットをパリサロンで展示
1951	3	2CVフルゴネット（AU）発売
1952	10	車体色を当初のメタル調のグレーからソリッドのグレーに変更
1953	3	グリルのエンブレムの楕円枠がなくなる
1954	9	425ccのAZが登場（遠心クラッチを新装備）、同様にAUがAZUに進化
	12	一時的にサスペンションのスプリングが露出式になる
1956	10	AZLをパリサロンで展示、11月に発売
1957	—	シトロエン社が2CVによる世界一周旅行の賞を設定
	9	鋼板製トランクを持つAZLPを市販化
1958	3	2CVサハラの試作車を発表
1959	6	着脱式ラジオ「ラジオエン」をオプション装備
	9	初めてグレー系でない車体色（青）を追加
1960	—	◎英国で2CVビジューが登場
	6	AZがミシュランXラジアルを採用
	12	ボンネットまわりのデザイン大幅変更
1961	4	◎アミ6を発表
	10	425ccエンジンの圧縮比を上げ、出力が13.5psに向上
1962	2	後部がハッチバック式の2CVミクスト（2CV ENAC）を市販化
	9	ダッシュボードをデザイン変更（速度計や燃料計が充実、ワイパー電動化）
1963	—	荷室の大きいフルゴネットのAKが登場
	2	AZは出力が18psに向上してAZA（AZ série A）に進化
	3	豪華仕様のAZAMが登場
1964	7	AZAMとAZUがチューブレスのミシュランXを採用
	9	◎アミ6ブレークが登場
	12	フロントドアを前ヒンジ式に変更
1965	9	グリルデザイン変更、リアクォーターウィンドウを追加、 ドライブシャフトに等速ジョイント採用（まずはAZAMとAZUのみ標準装備）、 後輪のフリクションダンパーをテレスコピックダンパーに変更
1967	4	AZAMが2CVエクスポールに名称変更（新ダッシュボード、サイドミラーなど装備）
	7	◎ディアーヌを発表
	9	エクスポールとAZが消滅し、AZLのみに
	10	◎アミ6ブレーク・クラブが登場
1968	1	602ccのディアーヌ6が登場
	5	◎メアリを発表、**5月革命**
	9	◎アミ6クラブが登場
	—	◎ベビーブルースが登場
	—	1台のTPVがラ・フェルテ-ヴィダムで発見される
1969	3	◎アミ8が登場
	—	◎ディアーヌにリアクォーターウィンドウを追加（1970年モデル）
1970	2	AZLが消え、2CV4と2CV6に。2CV4は435cc、2CV6は602ccを新搭載
	5	フロントフェンダーの丸型ウィンカーが登場（角型はエクスポール以来）
	8	「パリ-カブール-パリ」のレイド開催（8月）
	12	後輪の慣性ダンパーを廃止（2CV4、AZUに残っていた）
1971	7	「パリ-ペルセポリス-パリ」のレイド開催（7〜8月）
1972	7	2CVクロスを初めて開催
1973	1	◎アミ・シュペールが登場
	9	トランクに新しく2CV4、2CV6のロゴ
	10	**第1次石油危機**、「アフリカ・レイド」開催（10〜11月）
1974	9	角型ライト採用、グリルデザイン変更、ダブルシェブロンがグリル内に復活
1975	9	Cピラーの窓がなく丸型ライトの2CVスペシャルが登場
1976	2	◎アミ・シュペールが生産終了
	4	初の限定モデルの2CVスポット発売
	9	ブレーキが前後独立2系統に

年	月	2CVの変遷／トピック
1977	4	◎限定モデルのディアーヌ・キャバン発売
1978	3	◎アカディアーヌが登場、2CVフルゴネットは生産終了
	—	◎アミ8ベルリーヌが生産終了
	—	2CV4が消滅
	—	◎メアリの前輪ブレーキがディスクになり、フロントグリル変更
	—	◎FAFが登場
1979	7	2CVスペシアルが2CV6スペシアルに改変し435ccエンジン廃止、2CV6クラブが登場（2CV6、2CV6コンフォールを経て改名したもの）
	9	◎メアリ4×4が登場
	—	◎アミ8ブレークが生産終了
1980	9	限定モデルとして2CV6チャールストン発売
1981	7	2CVの前輪ブレーキがディスクに
	7	チャールストンが正規モデルに、低燃費モデル2CV 6 スペシアルEが登場（1983年に消滅）
	10	限定モデルの2CV007を発表
1983	4	限定モデルの2CVフランス3発売
	4	◎限定モデルのメアリ・アジュール発売
1984	—	◎ディアーヌが生産終了
1985	3	限定モデルの2CVドリー発売
1986	7	限定モデルの2CVココリコ発売
1987	—	◎アカディアーヌが生産終了
	7	2CV6クラブが生産中止
	7	◎メアリが生産終了
1988	2	工場閉鎖のためルヴァロワ工場での生産終了
1990	7	ポルトガルのマングアルデ工場で2CVの生産終了
1994	—	新たに3台のTPVがラ・フェルテ-ヴィダムで発見される
2008	—	2CV誕生60周年を記念してパリで「2CV EXPO SHOW」開催

注：◎は2CV兄弟車に関する事項、**太字**は社会背景を表す。年表は主としてフランス国内モデルの変遷を掲載

■2CVシャシーモデル主要スペック表

モデル	TPV	A	AZ	AZAM	2CV4	2CV6
生産年	1939	1949	1957	1964	1974	1974
排気量 (cc)	375 (水冷)	375	425	425	435	602
ボア×ストローク(mm)	62×62	62×62	66×62	66×62	68.5×59	74×70
圧縮比	-	6.2	7	7.5	8.5	8.5
SAE最高出力 (ps/rpm)	8 (SAE)	9 (SAE)/3500	12.5 (SAE)/4200	18 (SAE)/5000	26 (SAE)/6750	33 (SAE)/7000
DIN最高出力 (ps/rpm)	-	-	-	-	24 (DIN)/6750	29 (DIN)/5750
SAE最大トルク (kg-m)	-	2.0 (SAE)/2000	2.4 (SAE)/2500	2.9 (SAE)/3500	3.1 (SAE)/4000	4.3 (SAE)/3500-4000
DIN最大トルク (kg-m)	-	-	-	-	2.9 (DIN)/4000	4.0 (DIN)/4500
変速機 (段)	3	4	4	4	4	4
ブレーキ	前ドラム（後は手動）	前後ドラム	前後ドラム	前後ドラム	前後ドラム	前後ドラム
タイヤ	125×400	125×400	125×400	125×380X	125-15X	125 15X
全長 (mm)		3780	3780	3780	3830	3830
全幅 (mm)	-	1480	1480	1480	1500	1500
全高 (mm)	-	1600	1600	1600	1600	1600
ホイールベース (mm)	-	2400	2400	2400	2400	2400
トレッド 前/後 (mm)	-	1260/1260	1260/1260	1260/1260	1260/1260	1260/1260
車両重量 (kg)	約380	494	490	525	560	560
最高速度 (km/h)	50	65	78	95	102	110

モデル	2CV6	2CV6スペシャル、チャールストン、クラブ、スペシアルE	250 (2CVフルゴネット)	400 (2CVフルゴネット)	2CVサハラ	メアリ
生産年	1976	1982	1976	1976	1958	1978
排気量（cc）	602	602	435	602	425×2	602
ボア×ストローク(mm)	74×70	74×70	68.5×59	74×70	66×62	74×70
圧縮比	8.5	8.5	8.5	8.5	7	8.5
SAE最高出力（ps/rpm）	-	-	-	-	2×12 (SAE)/3500	-
DIN最高出力（ps/rpm）	26 (DIN)/5500	29 (DIN)/5750	24 (DIN)/6750	26 (DIN)/5500	-	29 (DIN)/5750
SAE最大トルク（kg-m）	-	-	-	-	2×2.4 (SAE)/2500	-
DIN最大トルク（kg-m）	4.0 (DIN)/3500	4.0 (DIN)/3500	2.9 (DIN)/4500	4.0 (DIN)/4500	-	4.0 (DIN)/3500
変速機（段）	4	4	4	4	4 (2個)	4
ブレーキ	前後ドラム	前：ディスク/後：ドラム	-	-	前後ドラム	前ディスク/後ドラム
タイヤ	125-15X	125-15X	-	-	155×400 or 380	135×15X
全長（mm）	3830	3830	3605	3805	3780	3520
全幅（mm）	1480	1480	1500	1500	1460	1530
全高（mm）	1600	1600	1723	1840	1540	1635
ホイールベース（mm）	2400	2400	2400	2350	2405	2370
トレッド 前/後（mm）	1260/1260	1260/1260	1260/1260	1260/1260	1260/1260	1260/1260
車両重量（kg）	560	560	575	640	735	555
最高速度（km/h）	110	115	95	98	100	100

モデル	ディアーヌ	ディアーヌ6	アカディアーヌ	アミ6（ベルリーヌ）	アミ8ベルリーヌ	アミ・シュペール
生産年	1967	1976	1981	1962	1970	1973
排気量（cc）	425	602	602	602	602	1015 (4気筒)
ボア×ストローク(mm)	66×62	74×70	74×70	74×70	74×70	74×59
圧縮比	7.9	9	8.5	7.25～7.3	9	-
SAE最高出力（ps/rpm）	21 (SAE)/5500	-	-	22 (SAE)/4500	35 (SAE)/5750	61 (SAE)/6750
DIN最高出力（ps/rpm）	-	32 (DIN)/5750	30 (DIN)/5750	-	32 (DIN)/5750	53.5 (DIN)/6500
SAE最大トルク（kg-m）	3.0 (SAE)/-	-	-	4.1 (SAE)/2800	4.7 (SAE)/4750	7.5 (SAE)/3500
DIN最大トルク（kg-m）	-	4.2 (DIN)/4000	4.2 (DIN)/3750	-	4.2 (DIN)/4000	6.9 (DIN)/3500
変速機（段）	4	4	4	4	4	4
ブレーキ	前後ドラム	前後ドラム	前ディスク/後ドラム	前後ドラム	前ディスク/後ドラム	前ディスク/後ドラム
タイヤ	125×380X	125-15X	135SR13	125×380X	125×380X	135-157X
全長（mm）	3900	3870	4030	3865	3990	3976
全幅（mm）	1500	1500	1500	1520	1525	1524
全高（mm）	1540	1540	1825	1485	1485	1474
ホイールベース（mm）	2400	2400	2535	2390	2400	2400
トレッド 前/後（mm）	1260/1260	1260/1260	1260/1260	1260/1220	1260/1220	1260/1220
車両重量（kg）	600	600	755	620	725	805
最高速度（km/h）	100	120	103	105	125	145

■2CVの生産台数

年	生産台数(台)	年	生産台数(台)
1949	876	1971	121,264
1950	6,196	1972	133,530
1951	14,592	1973	123,819
1952	21,124	1974	163,143
1953	35,361	1975	122,542
1954	52,791	1976	134,396
1955	81,170	1977	132,458
1956	95,864	1978	108,825
1957	107,250	1979	101,222
1958	126,332	1980	89,994
1959	145,973	1981	89,472
1960	152,801	1982	86,068
1961	158,659	1983	59,673
1962	144,759	1984	54,923
1963	158,035	1985	54,067
1964	167,419	1986	56,663
1965	154,023	1987	43,255
1966	168,357	1988	22,717
1967	98,683	1989	19,077
1968	57,473	1990	9,954
1969	72,044	計	3,867,940
1970	121,096		

注：表は2CV乗用車の生産台数。4×4やフルゴネットは除く

■2CVシャシー各モデルの生産台数

モデル	生産期間	生産台数
2CV	1949-1990	3,867,940
2CVフルゴネット	1951-1978	1,246,335
2CV4×4	1960-1971	694
2CV合計		5,114,969

モデル	生産期間	生産台数
ディアーヌ	1967-1984	1,443,583
アカディアーヌ	1978-1987	253,393
ディアーヌ合計		1,696,976

モデル	生産期間	生産台数
メアリ	1968-1987	144,953
ベビーブルース	1968-1987	31,335
FAF	1978-1982	2,295
メアリその他合計		178,583

モデル	生産期間	生産台数
アミ6	1961-1971	1,039,384
アミ8	1969-1979	755,955
アミ・シュペール	1973-1976	44,820
アミ合計		1,840,159
2CVシャシー・モデル総合計		8,830,687

注：ここに掲げた各モデルはシトロエン社資料に掲載されている車種。ほかにも、ギリシャのナムコ・ポニー、ベトナムのダラ、フランスのテイヨール・タンガラなど、さまざまな2CVベースの車両が一定台数世界各地で生産された
注：アミの各モデルは、セダン、ブレーク、商用車合計

■2CV（乗用車）の主な分類

型式名	期間	主な市販名	エンジン排気量
A	1949/7-1959/7	2CV	375cc
AZ	1954/10-1963/2	2CV	425cc
AZ (séries A et AM)	1963/3-1970/2	2CV AZL、2CV AZAM	425cc
AZ (séries A 2)	1970/2-1975/9	2CV4	435cc
AZ (série KB)	1975/9-1978/9	2CV4	435cc
AZ (série KB)	1978/9-1979/7	2CVスペシャル	435cc
AZ (série KA)	1970/2-1978/9	2CV6	602cc
AZ (série KA)	1978/9-1979/7	2CV6	602cc
AZ (série KA)	1979/7-1981/7	2CV6スペシャル、クラブ	602cc
AZ (série KA)	1981/7-1990/7	2CV6スペシャル、クラブ、スペシアルE、チャールストン	602cc

主な参考文献

Jacques Wolgensinger『La 2 CV, Nous nous sommes tant aimés』Gallimard, 1995

Fabien Sabatès『Le guide de LA 2CV, historique, évolution, identification, conduite, utilisation, entretien』E.T.A.I., 1998（6刷, 2008）

John Reynolds『The Citroën 2CV, Third Edition』Haynes Publishing, 2005

Fabien Sabatès『Album 2CV』Éditions E/P/A, 1992

Fabien Sabatès『La 2CV, 40 ans d'amour』Editions CH. Massin

Jacques Borgé / Nicolas Viasnoff『La 2CV』Balland, 1977

『Du projet TPV à la 2 CV (1936-1950)』Automobiles Citroën, 2012

Dominique Pagneux『La Citroën Ami 6, 8 et Super de mon père』E.T.A.I., 1997

『Citroën 2-cylinder Owners Workshop Manual』Haynes Publishing Group, 1990

Jacques Séguéla『Citroën Advertising, 80 years young』Editions Hoëbeke, 1999

John Reynolds『The Classic Citroëns, 1935-1975』Mc Farland, 2005

Jean-Pierre Foucault『Les 90 ans de Citroën』Éditions Michel Lafon, 2009

Roger Guyot / Christophe Bonnaud『Citroën, 80 years of future』Éditions Roger Regis, 1999

René Bellu『Toutes Les Citroën, Des origines aux années 80』éditions Jean-Pierre Delville

『CMAG Hors Série, 90ans, Octobre 2009』Citroën, 2009

『DATES, From 1919 to the present day』Automobiles Citroën, 2004

大川悠 『世界の自動車8　シトローエン』 二玄社, 1972

『ワールドカー・ガイド4　シトロエン』 ネコ・パブリッシング, 1996

ジョン・レイノルズ 『シトロエン　革新への挑戦』 相原俊樹訳, 二玄社, 2006

武田隆 『シトロエンの一世紀』 グランプリ出版, 2013

「Le Double Chevron」Automobiles Citroën

（国内外の雑誌など）

「L'Automobile Magazine」／「Autocar」（英国版）／「Car Graphic」二玄社／「カースタイリング」三栄書房／「カーマガジン」ネコ・パブリッシング

あとがき

　TPVの開発が始まった頃に撮られた映画「大いなる幻影」の中に、ドイツの将校のラウフェンシュタインが、捕虜となったフランスの将校ボアルデューと語り合う場面がある。2人はともに貴族階級出身で、ラウフェンシュタインはそこで、ボアルデューの暴れん坊の部下（ジャン・ギャバンら）のことを「あれはフランス革命の素敵な贈り物ですな」と皮肉って言うのだけれど、このセリフはそのまま2CVにも使える気がする。

　シトロエンにはDSという大物スターもあるが、フランスの象徴ということでは、2CVのほうが上位に来そうである。フランスのネット記事には、外国人の目からはフランスパン、エッフェル塔と並ぶ存在、などと書かれていたりする。2CVは数が多いので、まさに風物詩になった感があるけれど、ただ、フランスでも近年は路上を走る2CVはかなり少なくなってしまった。

　以前に比較的頻繁にフランスに行った頃は、2CVは生産中止されてまだ数年だったので、ふつうに街で見かける存在だった。当時不況だったせいもあるのか、ボディをぶつけてもそのまま乗っているようなクルマも多く、フェンダーが色違いというのは2CVならばごくふつうの感じだった。当時はまだDSも多くいて、ふしぎとGSはほとんど目にしなかったものの、意外にアミなどは多く見かけた。メアリはさすがに街中ではあまり見かけず、いちどブルゴーニュ地方のある有名な葡萄畑へ物見遊山に行ったときに、畑の横に乗り付けられているのを見て、なるほどこういうところで使われているのかと感心した。ブーランジェが考えたTPVの、まさに生きた標本だったと思う。

　夕方などに街外れをわびしく歩いていると、石畳の道をよく2CVやアミが軽快に走り抜けて行った。そのエンジン音はまさに風物詩で、癒されるものがあった。子供の頃に第二自家用車として母が運転したクルマがトヨタ・パブリカだったので、それが深層意識に響いたのかとも思う。ただ、ほぼ幼稚園時代なので不確かなのだけれど、パブリカの空冷フラットツインの音は、やけにふんばって出しているかのようだった記憶がある。2CVはいかにも軽やかで、まさにヒュー、パタパタと形容するしかない音が、今も映像付きで頭の中に残っている。

　新婚の頃に父が乗っていたのが2CVで、白黒のアルバムでそれはよく見ていたので、自分もフランス人並に2CV de mon père（フランスの木のシリーズでそういうのがある）などと言えなくもない。ただ、ほかのクルマも好きだったので、2CVはロールスロイスやフェラーリと同格にすぎなかった……。それできらわれてしまったのか、実際に2CVに接する機会はあまりなかった。ただ一度、夕方の街道をペースにのって走ったのは、やはりこの上

ない至福の体験だった。

　本書執筆にあたって、村田佳代氏をはじめ、プジョー・シトロエン・ジャポン広報室に多大にお世話になり、貴重な資料や写真を提供いただいた。写真は日本ミシュランタイヤからも提供いただいた。トヨタ博物館からは、貴重なカタログ資料の提供をいただいた。自動車史料保存委員会からは、写真やカタログ資料を提供いただいた。編集・制作の面では三樹書房の山田国光氏、木南ゆかり氏に多大にお世話になった。そのほか、シトロエン好きの友人諸氏に助けられることもあった。これらのご厚意に応えられる内容になっていればと願うばかりであるが、あらためてお世話になった方々に深く感謝の意を表したい。

武田 隆

ブルゴーニュの葡萄畑で見たメアリ

武田 隆(たけだ・たかし)

1966年東京生まれ。早稲田大学第一文学部仏文科中退。出版社アルバイトなどを経て、自動車を主体にしたフリーライターとして活動。モンテカルロラリーなどの国内外モータースポーツを多く取材し、「自動車アーカイヴ・シリーズ」(二玄社)の「80年代フランス車篇」などの本文執筆も担当した。現在は世界のクルマの文明史、技術史、デザイン史を主要なテーマにしている。

著書に『水平対向エンジン車の系譜』『世界と日本のFF車の歴史』『フォルクスワーゲン ゴルフ そのルーツと変遷』『シトロエンの一世紀 革新性の追求』(いずれもグランプリ出版)がある。RJC(日本自動車研究者ジャーナリスト会議)会員。

シトロエン2CV
フランスが生んだ大衆のための実用車

著 者　武田 隆

発行者　小林謙一

発行所　三樹書房

URL　http://www.mikipress.com

〒101-0051 東京都千代田区神田神保町1-30
TEL 03(3295)5398　FAX 03(3291)4418

印刷・製本　シナノ パブリッシング プレス

©Takashi Takeda/MIKI PRESS　三樹書房　Printed in Japan

※ 本書の一部あるいは写真などを無断で複写・複製(コピー)することは、法律で認められた場合を除き、著作者及び出版社の権利の侵害になります。個人使用以外の商業印刷、映像などに使用する場合はあらかじめ小社の版権管理部に許諾を求めて下さい。

落丁・乱丁本は、お取り替え致します